ただいま出動

QCサークル
119番

中條 武志・松田 啓寿 [編著]

日科技連

まえがき

　『現場とQC』誌(現在の『QCサークル』誌)の「まえがき」でQCサークル編成の呼びかけが行われたのを契機に，さまざまな職場でQCサークルが編成され，職場の問題・課題を取り上げた改善活動が行われるようになりました．今では，製造職場だけでなく，事務，販売，サービス，開発，管理間接などの部門，さらには医療・福祉，レストランやホテル，スーパー・百貨店，鉄道・バス，学校，銀行，公共団体などの業種に広がっています．また，日本だけでなく，海外の国々でも活発な活動が行われています．

　全日本選抜QCサークル大会や全国QCサークル大会に出場しているQCサークルの発表を聴くと，①QCサークルメンバーの能力向上・自己実現，②明るく活力に満ちた生きがいのある職場づくり，③お客様満足の向上および社会への貢献，という基本理念を目指したすばらしい活動を行っている多くの方々がいることに驚かされます．

　他方，活動を始めたばかりのQCサークルや導入したばかりの職場では，さまざまな悩みにぶつかります．悩みを相談できる人が身近にいればよいのですが，そうでないと，せっかく始めたにもかかわらずQCサークル活動の良さを味わえずにやめてしまうことになります．そんなサークルや職場を少しでも減らしたいという思いから，『QCサークル』誌では2009年に「─QCサークルワンポイント指導─　初心者サークル　寄っといで」をスタートし，2010年からは「ただいま出動　QCサークル119番」と改題して継続してきました．QCサークルが改善活動を進めるなかやサークルを運営するなかでぶつかる悩み，推進者が職場のQCサークルと接するなかで感じる悩みを取り上げてベテランの推進者やQCサークル本部指導員に一問一答で具体的に答えてもらう，初心者にもわかりやすいようにポイントをマンガで解説する，全日本選抜QCサークル大会(事務・販売・サービス部門)などの参加者から生の声を集めたという点が特徴です．

本書は，今まで掲載されたものを，質問の内容別に分類するとともに，『QCサークル』誌ではスペースの関係で十分解説できなかった点を補足・編集したものです．QCサークル活動に関する悩みを克服するうえでぜひ役立てていただければと思います．

　本書の原文は，以下の29名の方々に執筆いただきました(五十音順，敬称略，編著者を除く)．

　池澤辰夫／池田高史／市川享司／猪原正守／尾辻正則／片倉紀夫／金子利治／金子憲治／久保田洋志／下田敏文／杉浦忠／鈴井正己／須藤ゆかり／高木美作恵／立岩豊／中野至／二瓶勤／羽田源太郎／原田始／久野靖治／平井勝利／藤田玲奈／光藤義郎／村川賢司／山上隆男／山口景生／山田佳明／吉田元昭／渡辺孝

　また，本書のマンガは，トミタ・イチロー氏，小前ひろみ氏に作成いただきました．

　悩みを抱えるQCサークルや推進者・管理者のために，貴重なノウハウや経験を共有いただいたことや，ポイントをわかりやすく4コマに収める工夫をしていただいたことに対し，この場を借りて厚くお礼申し上げます．なお，わかりにくい表現や誤植などについては，すべて編著者の責任です．ご容赦いただくとともに，今後の改善のために出版社までご連絡いただきますようお願い申し上げます．

　最後になりましたが，「―QCサークルワンポイント指導―　初心者サークル　寄っといで」，「ただいま出動　QCサークル119番」の編集に当たっては，(一財)日本科学技術連盟の矢口里美氏，山中葉子氏，木村洋子氏，徳原彩氏，堀江ゆか氏に大変お世話になりました．また，本書の出版に当たっては，(株)日科技連出版社の戸羽節文氏，田中延志氏に大変お世話になりました．本当に有り難うございました．

　本書が，QCサークル活動に取り組むなかでの悩みを解消するうえで少しでも役立ち，より多くのサークルや職場がQCサークル活動のすばらしさを味わうことできることを願っております．

2015年2月

編著者代表　中條武志

ただいま出動 QCサークル119番 目次

まえがき／iii

第1章 改善の進め方に関するQ&A　　1

1.1節 テーマ選定

- カルテ1　全員で活動できる共通のテーマがなく，テーマ選定が難しい（松田啓寿）…… 2
- カルテ2　みんなが困っていることを取り上げて改善したいのですが（松田啓寿）……… 4
- カルテ3　大きな改善テーマの見つけ方は？（久保田洋志）………………………… 6
- カルテ4　私たちのお客様は誰？（高木美作恵）………………………………………… 8
- カルテ5　社内情報システムと関連した改善はどうすればよい？（羽田源太郎）… 10
- カルテ6　営業におけるテーマの選定の仕方や活動の進め方（二瓶　勤）……… 12
- カルテ7　設計・開発ではどうテーマの選定や活動を進めたらよいか（羽田源太郎）… 14
- カルテ8　テーマを決めましたが，進め方がわかりません（渡辺　孝）………… 16
- カルテ9　サービス業でテーマを見つけるには？（山口景生）…………………… 18
- カルテ10　顧客満足度の視点から改善テーマを見つけるには？
　　　　　　～品質表の紹介～（中條武志）………………………………………… 20
- カルテ11　現場に行くのがコワイ！（光藤義郎）………………………………… 22

1.2節 現状把握と目標の設定

- カルテ12　現状把握をどうすればよいの？（吉田元昭）………………………… 24
- カルテ13　現状把握や目標設定における指標化はどうすればよいでしょうか？
　　　　　　（久野靖治）……………………………………………………………… 26
- カルテ14　仕事の忙しさの状況を把握し改善するには？（片倉紀夫）………… 28
- カルテ15　整理整頓の状況を数値化するには？（羽田源太郎）………………… 30
- カルテ16　利用者の満足度(不満足度)をデータで把握するには？（渡辺　孝）… 32
- カルテ17　マンネリ化の度合いを数値化するには？（中野　至）……………… 34
- カルテ18　連絡漏れの現状をデータで把握するには？（原田　始）…………… 36
- カルテ19　危険を数値化するには？（中條武志）………………………………… 38
- カルテ20　アンケートに答えていただくためには？（山口景生）……………… 40

| カルテ 21 | 売上げにおける問題を明らかにするには？（池田高史）……… 42 |
| カルテ 22 | 目標を決めるにはどうすればよいの？（尾辻正則）………… 44 |

1.3 節　要因の解析

カルテ 23	仕事のプロセスの改善（池澤辰夫）……………………………… 46
カルテ 24	プロセスを改善するとはどういうこと？ ～業務フロー図の紹介～ （中條武志）……………………………………………………… 48
カルテ 25	原因追究をうまくやるには？（山上隆男）…………………… 50
カルテ 26	仮説を立てて検証する－要因から，すぐに対策に入ってもよいのかな？－ （片倉紀夫）……………………………………………………… 52
カルテ 27	トラブルを最初から起こさないようにするには？ ～FMEA の紹介～（光藤義郎）………………………………… 54
カルテ 28	トラブル・事故の未然防止に取り組むには？（金子利治）… 56
カルテ 29	原因追究の仕方がわかりません ～RCA の紹介～（光藤義郎）…… 58

1.4 節　対策の立案と実施

カルテ 30	対策が思いつかない（杉浦　忠）……………………………… 60
カルテ 31	対策のアイデアが出てきません ～対策発想チェックリストの紹介～ （中條武志）……………………………………………………… 62
カルテ 32	対策案をうまく絞り込む方法は？ ～対策分析表の紹介～ （光藤義郎）……………………………………………………… 64
カルテ 33	自分たちで行える対策が限られる（藤田玲奈）……………… 66

1.5 節　標準化と管理の定着

カルテ 34	標準化と管理の定着 －標準化って何をすればよいの？－ （立岩　豊）……………………………………………………… 68
カルテ 35	標準化と管理の定着は標準書をつくること？（金子憲治）… 70
カルテ 36	改善したことが定着しない（市川享司）……………………… 72
カルテ 37	対策を継続するにはどうすればよいでしょうか（光藤義郎）……… 74

1.6 節　反省と今後の課題

| カルテ 38 | 反省と今後の課題はどうすればよいの？（金子利治）……… 76 |

ただいま出動 QCサークル119番　目次

第2章　運営の仕方に関する Q&A　79

2.1節　業務とQCサークル活動の関係を理解する

カルテ 39　業務が忙しくて改善活動まで手が回りません！〈下田敏文〉…………80

カルテ 40　事務・販売・サービス部門でなぜ小集団活動なのか〈久保田洋志〉…82

カルテ 41　仕事が毎日変わるのですが，改善活動できますか？〈金子憲治〉……84

カルテ 42　管理間接職場でQCサークル活動はなじまない？〈村川賢司〉………86

2.2節　やる気を引き出す

カルテ 43　QCをやらされているとの思いが強くあります〈松田啓寿〉…………88

カルテ 44　忙しくて本気で協力してくれません〈市川享司〉………………………90

カルテ 45　限られたメンバーだけの活動になっています！〈山田佳明〉…………92

2.3節　異なる人の連携を活性化する

カルテ 46　個人プレーの仕事が多い職場で，コミュニケーションを活性化するには？
〈村川賢司〉………………………………………………………………………94

カルテ 47　コミュニケーションをとる工夫をする〈市川享司〉……………………96

カルテ 48　メンバーに管理職が入り，上司・部下の関係から抜けられない〈高木美作恵〉…98

カルテ 49　専門の違いを乗り越えるにはどうすればよいか〈市川享司〉…………100

カルテ 50　個人の専門業務が多く，一体感がありません！〈下田敏文〉…………102

2.4節　初心者なのですがどうすればよいでしょうか

カルテ 51　QCサークル活動スタート！でも何から始めたらよいの？〈市川享司〉……104

カルテ 52　業務の必要・不要なことの判断ができません〈久野靖治〉……………106

2.5節　会合を開く

カルテ 53　メンバーの時間が合わず会合が開けません〈村川賢司〉………………108

カルテ 54　勤務時間が違うために話し合うことができません〈金子憲治〉………110

2.6節　勉強会を行う，ほかから学ぶ

カルテ 55　勉強会の実施や活動レベルを上げるにはどう進めればよいでしょうか
〈尾辻正則〉………………………………………………………………………112

カルテ 56　QC 手法をうまく使って，活動のレベルを上げるには？（羽田源太郎）…… 114
カルテ 57　ほかの職場の対策は役に立たないと思うのですが（山口景生）……… 116

2.7 節　レベルアップをはかる，マンネリ化を防ぐ
カルテ 58　毎年メンバーが変わるためレベルアップできません（市川享司）…… 118
カルテ 59　何年経っても同じようなことの繰返しで，飽きています（下田敏文）… 120

2.8 節　発表を行う
カルテ 60　発表の準備や報告書作成に時間がかかります（久野靖治）………… 122

2.9 節　短時間で解決する
カルテ 61　短期間でテーマ完了するためには，どのように活動を進めたらよいのでしょうか？（松田啓寿）………………………………………………………… 124

第3章　推進の仕方に関する Q&A　　127

3.1 節　部門ごと，サークルごとのばらつき
カルテ 62　活発なサークルとそうでないサークルが大きくばらついている！（山田佳明）…… 128

3.2 節　サークルの育成
カルテ 63　QC サークル活動の評価をどう行ったらよいのでしょうか（鈴井正巳）………… 130
カルテ 64　改善活動に消極的な非正規社員をどうやって巻き込むか（須藤ゆかり）… 132

3.3 節　QC サークル活動の会社における位置づけ
カルテ 65　スタッフ部門の管理者の関わりが少なく活動がうまく進まない（高木美作恵）………………………………………………… 134

3.4 節　運営事例
カルテ 66　運営事例発表ってどんなこと言うの？（平井勝利）……………… 136

3.5 節　成果に結びつく活動，人材育成に結びつく活動
カルテ 67　QC サークル活動をもっと人材育成や職場活性化に活用するには？（猪原正守）………………………………………………………… 138

付表　製造業（部門別）およびサービス業（業種別）のマトリクス表 ………… 140

第1章

改善の進め方に関するQ&A

1.1節　テーマ選定

カルテ 1　全員で活動できる共通のテーマがなく，テーマ選定が難しい

Q お客様からのお問合せの対応などのアフターサービスを提供している職場です．メンバーの仕事がみな違うので，共通のテーマがなかなかありません．会社の収益に貢献したいという思いもありますが，そうすると，どうしても計算のしやすいコストダウンや工数低減のテーマになってしまいます．どうすればよいのでしょうか．

A アフターサービス，総務や情報システムなどの職場では，メンバーの担当している仕事が異なっている場合が少なくありません．無理にメンバー全員の仕事に「共通」するテーマを探そうとすると，やってもやらなくてもいい，小さなテーマになってしまい，職場に貢献することが難しくなります．

こうした場合，「共通」のテーマにこだわるのではなく，たとえ自分の担当ではなくても，みんながその重要性を理解し，「共感」できるテーマを選ぶことが大切です．担当業務と関係のないテーマを選ぶこと

第1章　改善の進め方に関するQ&A

は，一部のメンバーだけの活動になる懸念があります．しかし，職場に貢献できるような重要なテーマであれば，メンバー全員が関心を持ち，知恵を結集させることができます．

共感できるテーマを見つける方法はいろいろですが，次のような進め方をするのも一つです．

(1)　業務の質（提供しているサービスとお客様のニーズとのギャップ）を測る指標を決め，測定する．
(2)　それぞれの業務の担当者が，自分の仕事のプロセス，難しさやポイントをほかのメンバーにわかりやすく伝える．
(3)　メンバー全員が「これはみんなで取り組む必要がある」と思える問題を見つける．また，みんなでその問題を解決することが職場への貢献につながるという認識を共有する．

例えば，アフターサービスを担当する職場でいえば，共感できるテーマの例としては，「お客様からのお問合せに対して，お待たせせずに回答する」，「お問合せに対してわかりやすく回答する」，「経験の浅いメンバーを早く一人前に育てる」などがありそうです．

「共感できるテーマ」に取り組むことで，多くのメンバーに参画してもらうことができます．また，ほかの業務のプロセスについての知識を得ることができ，自分自身の守備範囲が広くなり，力量アップに役立ちます．

カルテ 2 みんなが困っていることを取り上げて改善したいのですが

Q 経理部に所属するQCサークルです．時期によって業務量が大きく変動するなかで，みんなが困っていることをテーマに取り上げて改善しようと思っています．ところが，メンバーの仕事内容は全員違っていて，困っていることもそれぞれ異なっています．そのなかで，どのようにして「困っていること」を見つけて，全員で活動できるテーマを選定すればよいのでしょうか？

A 事務部門(には限りませんが)では，メンバーの担当業務が多岐にわたっていて，それぞれ異なる時間の流れで仕事をしていることが多いようです．例えば，経理部では，主な業務だけでも，決算書に関する業務，伝票処理に関する業務，納税などに関する業務，管理会計についての業務など，さまざまです．業務が違うと必要な専門知識も異なっているので，お互いに理解するにも，時間がかかります．結果として，それぞれの人が自分の担当する業務で「困りごと」を感じてはいても，どのようにして改善のためのテーマに取り上げるのか，よくわからないことが少なくありません．

① 会議室でのテーマ選定
「困りごと」をテーマに選定するのがいいと思うんだけど
でも，あなたは決算書担当でしょ．私は主計業務だし，伝票の処理もあるし，みんなバラバラだよね

困りごとをテーマにすることにしました

③ 指導員と
「困っている」というのは，職場の後工程にどの程度の迷惑をかけそうか，という視点で選んだらどうかな？
決算業務が遅れたら，経営者に迷惑がかかるよね．あるいは伝票の処理が遅れたら，現場に迷惑がかかるよね．その迷惑の程度で選んだらどうかな．残業ややり直し作業の量で選ぶ方法もあるよ

指導員に尋ねてみました

第1章 改善の進め方に関するQ&A

　その場合の対処法の一つとしては，自職場が後工程にかけている迷惑に着目するのが良い方法です．例えば，経理部であれば，自分たちを経理部という大きな単位でとらえ，経理部の業務のアウトプットを受け取る後工程(例えば，振込業務であれば，振込先の人や会社だったり，決算書に関する業務であれば，経営のかじ取りをする経営企画や会社のトップだったりします)にかけている「迷惑」を考えます．「請求から振り込みまでに時間がかかる」，「必要な情報が一目でわからない」などです．これらが経理部として解決すべき困りごとであり，テーマの候補になります．また，その迷惑の程度や発生する頻度から，困りごとのレベルを知ることができるので，候補として挙げたものの優先順位を決めることもできます．

　メンバーの担当業務が違っていると，専門知識も経験も差がありますから，すぐにほかのメンバーの業務についての困りごと(後工程にかけている迷惑)を理解することは難しく感じるでしょう．理解するため，してもらうためには，自分が担当している業務の内容やその後工程，後工程の期待に応えられていない現状をほかのメンバーにもわかるように整理することが必要になります．こうした説明や話合いを通して，解決すべき困りごとが見えてきます．

カルテ 3 大きな改善テーマの見つけ方は？

Q 総務部門のQCサークルです．日頃から小さな改善を積み重ねていますが，発表するほどの大きな改善テーマが見つかりません．また，改善すべきところは，ほとんど改善していて，テーマとして取り上げることが難しくなってきました．どうすれば職場に貢献できるような大きな改善テーマを見つけられますか．

A それぞれの部門には目的があります．例えば，「販促資料を作成する」，「顧客の問合せに答える」，「社員にタイムリーな情報を提供する」，「良いものを安く購入する」などです．これらの目的を達成するために，各職場では業務プロセスを定めています．例えば，販促資料の作成についていえば，「どのような情報をもとに，誰がどのような手順で販促資料の案を作成するか」，「案の内容が適切かどうかのレビューをどのような方法で行うか」，「できあがった資料をいつまでに営業部門に渡すか」などが決まっていると思います．

大きなテーマを見つけるには，視野を広げ，「職場の目的は何か」を考えること，目的達成のために行っている業務のアウトプット

は何か，プロセスはどうなっているかを考えることが大切です．そのうえで，アウトプットに対する期待や不満を集めたり，プロセスをつぶさに観察したりすることで，取り組むべき課題・問題が見えてきます．例えば，販促資料の作成でいえば，販促資料がアウトプットであり，情報の収集，案の作成，レビュー，受渡しなどがプロセスとなりますので，販促資料に対するお客様や営業部門の期待や不満を集めるとともに，情報収集から受渡しまでのプロセスをつぶさに観察し，期待どおりできていないところを探します．

結果として，魅力的な販促資料の作成，顧客の問合せに対する迅速な対応，事務処理におけるロス・ムダの削減，省人化・残業時間の低減などが課題・問題として挙がると思います．また，その解決手段には，業務プロセスの見直し，ITの効果的活用，能力向上と多能化，外部資源の有効活用，関係部門／供給者／販売業者とのコラボレーションなどがあります．

まずは，視野を広げ，困りごとや要望などの生の声を聴いてください．

また，プロセスを観察してロス・ムダや時間短縮・コスト低減の可能性を明らかにしてください．さらには，上司と相談してください．きっとやりがいのある大きな改善テーマが見つかります．

カルテ 4 私たちのお客様は誰？

Q 設計部門で設計者の支援を行っているQCサークルです．サークルメンバーの困りごとをつかまえて解決しているのですが，自己満足に終わっているように思います．他社のサークルが「お客様」を意識した活動をしているのを見て「これだ」と思ったのですが，自分たちの職場の場合，具体的にどう進めてよいか悩んでいます．

A QCサークル活動では，いかにやりがいあるテーマを見つけるかが重要な課題です．やりがいあるテーマを見つけられるかどうかは，QCサークルの経験，上司や推進者の支援・指導によっても異なりますが，常に「自分たちのお客様は誰か？」を考えることが成功するための定石です．つまり，テーマが見つからないのは，自分たちの「お客様」が見えていない，気づいていないためであることが少なくありません．

活動を始めたばかりのQCサークルは，自分たちの職場が関心の中心であることが多いため，よく知っている身近なテーマから取り組みます．そして，成功体験を重ねるなかで，QCサークルが成長し，それに伴って，他部門や全社へと

第1章 改善の進め方に関するQ&A

視点が広がり,多くのお客様が見えるようになります.そうすると,上位方針に連動したテーマ解決ができるようになります.

「設計者の支援」を担当している職場の場合,もっとも身近なお客様は,「設計者」です.設計者は,設計ミスや残業が多いことに日々頭を悩ましています.これらがなくなって設計者がバリバリ仕事をできるようになるために自分たちができることは何か考えてみてください.「設計者が必要な情報をすぐに参照できるようにする」,「承認のための社内手続きをわかりやすくする」,「資料作成や日程調整を容易にできるようにする」など,設計者を支援する立場で取り組めることは少なくないと思います.このような設計者に役立ち,喜ばれる改善テーマに挑戦することが,QCサークル活動のやりがいとなり,レベルアップにもつながります.

設計者の立場でテーマが見つけられるようになったら,さらには,自社の商品やサービスをお買い求めいただくお客様,お客様を取り巻く社会へと視野を広げてください.困っている「お客様」がいることに気づくことができれば,やりがいあるテーマをきっと見つけることができます.

お客様の視点に立って考えることが,QCサークル活動を通じて,お客様の喜びと自分たちのやりがいを確実なものにします.

カルテ 5 社内情報システムと関連した改善はどうすればよい？

Q 事務作業を担当している職場のQCサークルです．自分たちが行っている仕事の手順を改善したいのですが，仕事の手順を変えるには情報システム（社内で使われているコンピューターを使った種々の，入出力・集計・管理システム）も同時に見直しが必要となるのではと思い，なかなか踏み出せません．

A コンピューターを使って種々の入出力・集計・管理を行う情報システムは，相互に複雑に関連していて，全社的な大きなシステムとなっているものがほとんどです．このため，事務職場では，これらのコンピューターを使った仕事が多く，入出力業務における効率化やミス防止が重要な課題となっています．

しかし，これらの入出力業務に関する改善に取り組もうとすると，同時に情報システムの改善が必要になります．例えば，入力の順番を入れ替えたり，入力欄の位置を変えたりするためには，情報システムの改善が必要になります．改善したい対象は，社内の情報システム部門や外部の業者が構築・管理している情報システムであり，事務職場の

人では簡単に手出しができません．

　この壁を乗り越えるには，情報システムの構築・管理を担当している専門部署に協力をお願いすることになります．ただし，単にお願いするだけでは自分たちが行いたいことやその必要性を十分理解してもらえませんので，情報システムを構築・管理している部署の人に一緒に改善活動にかかわってもらうのが良い方法です．アドバイザーとして参加してもらったり，情報システムを構築・管理している部署との合同サークルを結成したり，関連するいくつかの部署の代表者で構成するプロジェクト型の改善チームを編成したりと，その対象となる問題の大きさに応じて適切なサークルやチームを編成するとよいでしょう．

　このように，社内外の関連する複数の部署の人たちが協力し合って，改善に取り組んで活動するためには，管理職である上司の協力とリーダーシップが欠かせません．場合によっては，管理職が改善活動のリーダー役を担当することも効果的です．

情報システムの構築・管理を担当している部署でも，システムを実際にオペレーションしている事務職場のみなさんの意見・要望を待っているはずです．遠慮せずに，どんどん意見を伝えましょう．必ず道は開けます．

カルテ 6 営業におけるテーマの選定の仕方や活動の進め方

Q 営業部門のQCサークルです．お客様からの電話問合せ対応などの営業支援を主に行っていますが，テーマ選定に毎回苦労しています．営業部門におけるテーマ選定の仕方について教えてください．

A テーマを選定する基本は，行っている業務における問題（目標・計画どおりに達成できていないこと）を取り上げることです．特に，営業の場合，目標が売上げなどの形で目に見えやすいため，職場のみんなが関心をもっている目標やそれに直接影響する業務の問題を取り上げることが重要です．このため，上司がテーマの選定に積極的にかかわることが大切です．

ただし，このような問題をそのままテーマにすると，大きすぎて途中でサークルが疲れてしまうケースをよく見かけます．例えば，「お客様からの問合せにすぐに答えられない」をテーマとして取り上げると，いろいろな要因が含まれるため，テーマとしては大きすぎると思います．

こんなときには，テーマを絞り込む工夫として「なぜなぜ5回」を用いてみるとよいでしょう．例えば，

第 1 章　改善の進め方に関する Q&A

「お客様からの問い合わせにすぐに答えられない」のは，なぜでしょうか．
　⇒なぜ 1：メンバーの知識が不足している（テーマ：メンバーの知識を向上する）．
　⇒なぜ 2：勉強できる場が少ない（テーマ：勉強する機会を創出する）．
　⇒なぜ 3：仕事に追われて勉強できていない（テーマ：仕事のなかで相互に学べる場をつくる）．
　⇒なぜ 4：業務がばらばらで，不安が先行している（テーマ：メンバーの意識を改革する）．
　⇒なぜ 5：コミュニケーションが不足している（テーマ：メンバー間のコミュニケーションを活発にする）．

どうですか．一つの問題でもいろいろなテーマを考えることができますね．適切なテーマに絞り込めれば，活動が具体的となり，メンバーの関心も自然と高まります．ぜひ一度試してみてください．

なお，営業では，外勤やシフトの関係でメンバー全員が集まって会合をもつことが難しい場合が少なくありません．このため，特にリーダーの存在が重要で，役割分担をはっきりさせ，「宿題」と「会合」を繰り返すことがポイントとなることも忘れないでください．

| カルテ 7 | 設計・開発ではどうテーマの選定や活動を進めたらよいか |

Q 設計・開発を担当している職場のQCサークルです．これまでは，製造部門のお付き合いで行っている程度の活動でした．職場の改善活動をもっと活発にするためには，テーマの選定の仕方や活動の進め方を，どのようにするのがよいのでしょうか．

A 設計・開発部門での改善では，2つのポイントがあります．1つ目のポイントは，職場の重要課題である設計・開発業務の質の向上を目指す取組みに重点を置くことです．設計・開発業務の生産性を阻害している問題を直視し，部品やサプライヤーの共通化，設計図の手戻り削減，若手の技術力向上など，業務に直結したテーマに取り組むことです．やらなくてもいいようなテーマを取り上げて，他部門とのお付き合いで行うような活動では，すぐに息切れしてしまい，長続きしません．設計・開発業務の質の向上に直結したテーマに取り組むことで，より創造的な仕事に多くの時間を割くことができるようになり，トラブルや手戻りが減り，人が育ちます．これらを通して，改善活動は余計な仕事という間違った捉え方を払拭できます．

2つ目のポイントは，設計・開発を担当している職場の問題は，単独の課や係，グループやチームだけで解決できるものは少なく，広範囲の組織にまたがっていることがほとんどなので，組織横断的なチームを機動的に編成し，活動を推進・運営することです．製造部門の活動と違って，同じ職場のメンバーが集まって，固定的メンバー編成で継続的に活動するスタイルではなく，テーマに応じたチーム編成をし，テーマが完了したらチームは解散するような活動スタイルが有効です．

また，チーム活動を，効果的に機能させるには，管理職のリーダーシップが欠かせません．改善活動が，設計・開発業務の質の向上や生産性の向上，若手の人材育成などに有効であることをよく理解し，改善活動をタイミングよく活用することが重要です．

こうした考え方，捉え方は，設計・開発部門だけでなく，品質保証部門や試験室などの技術系の管理間接部門でも有効です．従来型の固定的活動スタイルから脱皮して，自職場に合った多様な活動スタイルを採用することで，幅広い部門で継続的に改善活動に取り組むことを期待しています．

カルテ 8 テーマを決めましたが，進め方がわかりません

Q 私たちは，介護職員5人の初心者サークルです．現在ケアワーカー日誌（ケースワーカーが各利用者の日常の様子をまとめた記録）の作成に時間が多くかかり，利用者様により良い介護サービスができずに悩んでいます．そこで，福祉QC活動（日本福祉施設士会が推進している小集団改善活動）で取り組む「テーマ」を「ケアワーカー日誌をPCに移行」と考えましたが，どのように進めたらいいのでしょうか．

A ご質問のサークルは，PC化という「対策」を考え，それをテーマにしようとしています．しかし，対策をテーマにすると改善活動がうまく進みません．なぜでしょうか．これは，対策を行うこと自体が目的となり，みんなのもっている経験や知識を活かして業務のやり方を工夫する余地がなくなるためです．確かに，PC化について工夫できることはあると思いますが，いままで経験したことのないPC化です．みんなに意見やアイデアを求めても，自分たちの経験や知識を活かせる範囲は限られると思います．

他方，自分たちの行っている業務について，期待どおりになっていない結果を

取り上げ，業務の内容についてよく知っているメンバーが集まり，業務のやり方と期待どおりになっていない結果の関係を検討し，それにもとづいて効果的・効率的な業務のやり方を工夫すれば，みんなの経験や知識を活かせるチャンスが数多く生まれます．これこそが改善活動の醍醐味です．

まず，PC化をしなければいけない現状の悪さや困りごとがあると思います．その問題が見えるようなテーマ名にしてください．みなさんは，ケアワーカー日誌の記入時間が多くかかって大変苦労されているのですから，その苦労されている"記入時間の長さ"が悪さ＝「問題」であり，改善するキーワードとなります．したがって，「テーマ」名は「利用者様のケアワーカー日誌記入時間を短縮しよう」としたほうがよいと思います．みなさんでもう一度話し合って上司とも相談して決めてください．

"テーマは活動の顔"といわれています．テーマを見れば改善活動の内容がわかるように具体的に表現しましょう．また，現状把握を行ってみて，さらにテーマを絞り「サブテーマ」をつけて活動することもできます．みなさんで，決めたテーマに取り組む必要性，やりがい，利用者満足につながるかを考え，役割分担を決め，楽しく活動を行ってください．

カルテ 9 サービス業でテーマを見つけるには？

Q 私たちの職場はレストランです．メニュー作成，材料の加工・調理，盛りつけ，案内，注文，配膳，片づけなどをみんなで協力しながら行っています．会社でQCサークル活動を始めることになり，私たちの職場でも活動を始めましたが，行っている仕事がバラバラで，何をテーマにしたらよいのかわかりません．どうしたらよいのでしょうか．

A サービス業では，いろいろな仕事をみんなで分担することが少なくありません．そのため，担当している仕事が違い，共通のテーマを見つけにくいと思います．しかし，だからといってそれぞれの担当ごとに活動を行っていたのではお互いの協力を引き出せません．

サービス業では，お客様に喜んでいただくこと，お客様の期待に応えることが大切です．そのためには，「お客様の視点から自分たちの仕事を見直す」ことが必要です(**カルテ 4 参照**)．

まずは，お客様の声を聞くことから始めてはどうでしょうか．簡単なアンケート用紙をつくってお客様に答えてもらうと，「料理のメニューが少ない」，「料理が出てくるのが遅かった」，「間違った料理が出て

きた」,「挨拶がなかった」,「ゴミが落ちていた」などお客様がさまざまな不満や要望をもっていることがわかると思います．これらを似たもの同士に分類し，どのような項目が多いのかを調べてみるとよいと思います．新QC七つ道具の一つである「親和図法」を活用するとよいと思います．いくつかのグループに分けることができたら，それぞれについて，お客様にとって重要かどうか，職場の方針と一致しているかどうか，自分たちで対策が行えるかなどを評価し，取り組むべきものを絞り込みます．

あわせて，自分たちの仕事の流れ全体をみんなの協力を得ながら図にします．縦方向に仕事の流れ，横方向に担当者をとって，行っている仕事を書き込み，モノや情報の流れを矢線で表した「業務フロー図」などを活用するとよいと思います（**カルテ24参照**）．

そのうえで，お客様が不満に思っている項目・期待している項目とそれぞれが担当している仕事との関連がどうなっているのかを議論します．お客様は料理が出てくるのが遅いことに不満をもっている，注文が多いときは調理の担当者が不足している，お客様に怒られて対応に追われる，といったつながりが見えてくればしめたものですね．何をテーマに取り上げるべきかが自然に見えてくると思います．

カルテ 10 顧客満足度の視点から改善テーマを見つけるには？　～品質表の紹介～

Q 私たちの病院では，毎年出される職場の方針にもとづいて問題・課題を見つけ，その解決に必要なさまざまな職種（医師，看護師，薬剤師，技師など）のメンバーを集めてチームを編成し，改善活動に取り組んでいます．今年の職場方針が「患者様満足度の向上」に決まりました．でも，いろいろな患者様がいますし，要望もさまざまです．患者様満足度の視点から改善のテーマを見つけるのにはどうしたらよいでしょうか．

A 満足度は，提供するサービスが顧客の期待・要望にどれだけ合っているかによって決まります．サービスと期待・要望が合致していれば満足が得られますが，合致していなければ不満が生じます．したがって，患者様満足度の向上に取り組むには，まず，患者様の医療サービスに対する期待・要望を知ることが大切です．

　一方，改善は「プロセス」を対象として PDCA サイクルを回すことです．医療のような人対人のサービスの場合，プロセスの良し悪しを定量的に表すのは容易ではありませんが，治癒に要する時間，診療を受けるための待ち時間，手術室の稼働率，投薬のヒヤリハット数など日常的に把握・管理しているものも少なくありません．これらの特性について目標を設定し，達成するようプロセスを工夫することが必要です．

　ここで難しいのは，患者様の期待・要望と自分たちが日常的に把握・管理している特性の「関係」が必ずしも明確でないことです．両者の関係が曖昧なままだと，患者様満足度向上の方針のもと，従来取り組んできた活動とは別のことを始めてしまうことになりかねません．こんなときに役立つのが「品質表」です．

　表 1.1 に品質表の例を示します．縦方向に患者様の医療サービスに対す

第1章 改善の進め方に関するQ&A

表1.1 品質表の例(腰の整形外科手術)

要求品質 1次	要求品質 2次	品質特性 1次: 診断		入院		手術		ICU		...	要求品質の重要度	現行の満足度	目標の満足度
		2次: 待ち時間	IC評価点	入院期間	病棟要望率	感染症発症率	治療効果点	PCA適用率	OS発生率	...			
病気が早く治る	入院から退院までが短い	:	:	◎	:	:	○	:	○	:	4	4	4
	治療効果が大きい	:	:	:	:	○	◎	:	○	:	5	4	5
	...	...	...	...	...	...	...	...	...	...			
楽に治療ができる	痛くない	:	:	:	:	:	:	◎	:	:	5	3	5
	退屈しない	△	:	○	:	:	:	:	:	:	3	3	3
安心できる	わかりやすく説明してくれる	:	◎	:	:	:	:	:	:	:	4	3	4
事故がない	副作用に配慮してくれる	:	:	:	:	:	:	○	◎	:	5	4	5
...		...	...	...	...	...	...	...	...	...			
品質特性の重要度		3	5	:	5	3	:	5	4	:	5	5	:
現行の品質特性の達成レベル		30分	70点	:	7日	90%	:	5%	3.5	:	45%	20%	:
品質特性の目標値		30分	80点	:	7日	90%	:	5%	4.0	:	70%	10%	:

注)要求品質および品質特性の「重要度」は1点〜5点の5段階で評価.

る期待・要望を整理した要求品質展開表をとり,横方向に日常的にその改善に取り組んでいるプロセスの特性を整理した品質特性展開表をとります.そのうえで,両者の関係の強さを◎,○,△,無印を用いて整理します.◎は密接な関係があること,○は関係があること,△は場合によっては関係があること(関係が生じる可能性があること),無印は関係がないことを示します.厳密に判定することは難しいと思いますが,長年行ってきたことですので従来の知見を活用すればある程度の判定はつくと思います.

この表を用いれば,患者様にアンケートをとってどの期待・要望が重要か,現在の満足レベルがどうかを聞き,その結果にもとづいてどの期待・要望を改善すべきか,どこまで改善するべきかを決めることができます.また,これらを患者様の期待・要望とプロセスの特性の関係(◎,○,△,無印)にもとづいて変換し,どのプロセスのどの特性を改善すべきか,どこまで改善する必要があるかを合理的に決めることができます.詳細は,『品質展開法(1)』(日科技連出版社,大藤正ほか)などを参照してください.

品質表をうまく活用することで,方針として出された患者様満足度の向上と従来自分たちが取り組んできたプロセスの改善とを密接に結びつけることができ,患者様満足度向上の視点から改善テーマを選ぶことができます.ぜひ,活用してみてください.

カルテ 11 現場に行くのがコワイ！

Q 品質保証部門のQCサークルです．テーマ選定で困っていたところ，上司から「問題は現場にある．現場に行って話を聞いてみたら」とアドバイスをもらいました．しかし，現場に行くと，「この忙しいのに何しに来たのか」と怒鳴られそうで，メンバー全員尻込み状態です．現場の人たちとうまくコミュニケーションできるよい方法はないでしょうか．

A 現場の人に限らず，人と人とのコミュニケーションは難しいものがあります．それは人それぞれ人格をもち，また育った環境や社会，文化が必ずしも同じではないことが背景となっています．

しかし，人間は社会的動物といわれるように，太古の昔から人と人との良好な関係をはかるため，さまざまな工夫やテクニックを身につけてきました．ですから，コミュニケーションをよくするには，そういった先人の知恵をうまく活用すればいいわけです．

"クッション効果"の活用は，そのようにして蓄積されてきた先人の知恵の一つで，いわゆる「友達の友達はみな友達だ」というも

のです．例えば，Aさんがちょっと苦手なBさんとコミュニケーションをはかろうとする場合，直接コンタクトするのではなく，両者にとって親近性の強いCさんを間に挟むことによって，A⇔C⇔Bという関係をつくり，それをクッションとして，結果的にA⇔Bという良好な関係を築こうというアイデアです．例えば，「製造の人のところに話を聞きに行くときに生産技術の人から紹介してもらう」，「お客様のところに話を聞きに行くときに営業の人から紹介してもらう」などです．

そのほか，間接部門の人が現場に行く際は，「御用聞きの精神」，「お役立ちの心」をもって行くことも重要です．そういう気持ちがあれば，相手にもその思いが必ず伝わり，良好なコミュニケーションの第一歩が形成されるでしょう．そして「あっ，こいつは役に立つな」と現場の人に思ってもらう，そういった小さな実績を一つひとつ重ねていけば，現場の人との"絆"はさらに強固になっていくはずです．

人と人の関係性構築には，長い時間がかかるということを意識して地道に活動を継続すること，そしてその際，QCの基本である「後工程はお客様」，「相手の立場に立って考える」という意識を忘れないことが何よりも大切でしょう．

1.2節　現状把握と目標の設定

カルテ12　現状把握をどうすればよいの？

Q 私たちの職場は保育園です．保護者様から「よその子のものが入っている」，「持って行ったものを忘れたようだ」など苦情が寄せられます．その都度，保育士が探し回り，見つかれば解決ということで「ほっ」としています．このため，「持ち物の入違いをなくそう」というテーマで改善活動に取り組むことにしました．ところが，どのような苦情が多いのか現状把握をしようと思っても，なかなかデータが集まりません．メモをとらないこと，とったメモを解決後捨ててしまうこともあります．「苦情ノート」，「メモ入れ」など工夫しましたが，うまくいきません．どうしたらよいでしょうか？

A 保育士の方々は，「探す」や「解決する」を日常業務の一部と考えているのだと思います．このため，見つかったものや解決してしまったものが「問題」であることに気づいていないのではないでしょうか．

このような状況だと，手元に残っているデータを使って現状把握をしようとしても，未解決項目だけのデ

第1章 改善の進め方に関するQ&A

ータを集計することになってしまい，得られた結果が現実とかけ離れたものになります．また，いくらメモを残そうとしても，面倒だと感じられるため，うまくいきません．

まずは，「探す」や「解決する」ということが，子供と過ごすための自分たちの貴重な時間をいかに浪費しているかに「気づいて」もらう必要があります．そのために，1週間程度，保育士の方々に，どの仕事にどれだけ時間をかけたかの記録を日報としてつけてもらったらどうでしょう．記録をつけてもらう場合，あらかじめ簡単に記録できるデータシートを用意しておくのがよいと思います（**カルテ14参照**）．また，最初から正確に時間をつけようとせず，1時間や30分単位で書くようにしておけばよいでしょう．

「探す」，「解決する」ことにどれだけ時間を費やしているのか，自分の目で確認できると思います．みんなが「探す・解決する＝無駄な時間」と捉えるようになればしめたものです．次は，「何を」，「どのくらいの時間をかけて」いるかといったより詳細な「データ」の収集につながります．また，これらの「データ」を層別して「円グラフ」や「帯グラフ」が描ければ取り組むべき問題の現状が目に見えてきます．

カルテ 13 現状把握や目標設定における指標化はどうすればよいでしょうか？

Q 営業部門のQCサークルです．現状把握や目標設定のステップでは，定量化・数値化することが大切だと思いますが，事務や営業などのJHS（事務・販売・サービス）部門では難しく感じられる場合が少なくありません．どうしても「アンケート」などに頼りがちで，はっきりとしない，ぼやけた活動となってしまいます．現状把握や目標設定における指標化の例を教えてください．

A 指標には「定量的指標」と「定性的指標」があります．定量的指標は故障率や売上高など，数値で表すことができるもので客観的なものです．一方，定性的指標は，例えば，ある製品（サービス）に対するお客様の満足や職場の環境（雰囲気）といったもので，主観的な要素が多いものです．営業部門や事務部門では，後者の指標が多くなるのはやむを得ないと思います．

しかし，顧客の満足については，クレーム件数やサービスに関する問合せ件数，または要望件数などを考えることができます．また，職場の環境についてはお互いの挨拶の件数，レクリエーションへの参加率，

QCサークル活動件数，改善提案の件数などをとることができます．最初はしっくりこなくても，データとしてある程度長期的にとってみると，みんなが気になっていることの状況を，そのものずばりではないけれど定量的に数値として捉えることができるもの，すなわち代替特性として使えるものができてくるものです（**カルテ16参照**）．それでも難しい場合は，挨拶の件数の代わりに挨拶の声の大きさやそのときの表情を評点化するなど，3段階評価や5段階評価といったレベル評価を行うこともできます．これはアンケートでよく使われる手法です．なお，アンケートも，自分たちメンバーに対するアンケートではなく，お客様やサークル外の人たちに対するアンケートにすると，主観が入らず，より客観的な判断が得られるので，立派な指標といえます．

「事務・販売・サービス〔含む医療・福祉〕部門全日本選抜QCサークル大会（小集団改善活動）」での発表のなかの活動事例は，ほとんどすべて定量的な目標設定がされています．接遇向上のテーマで「笑顔を出せる率」という指標をつくり，定量的に示した事例もあります．指標化できないからとあきらめずに，「工夫すれば指標化はできる」と思って，ぜひトライしてください．

カルテ 14 仕事の忙しさの状況を把握し改善するには？

Q 母子家庭の就労や，子育てを支援し，生活が安定し自立することを目標としている福祉施設のQCサークルです．各家族別に，担当者が一日の状況を細かくメモし，変化があったり，担当が替わったりしても対応できるように日誌をつけておくことが大切な業務の一つなのですが，毎日の仕事が忙しく，十分時間をかけることができません．仕事の忙しさの状況を把握し改善できたらと思っているのですが，何か良い方法はありませんか．

福祉施設や医療機関，JHS部門では忙しくて本来時間をかけたい仕事ができないということも解決すべき重要な問題です．この問題を解決するためには，忙しさの現状を把握する必要があります．

何日間か，「一日どんな仕事をしているのか」について記録をつけてみてはどうでしょうか．あまり細かい区分では面倒なので，「日誌をつける」のほか，「利用者支援」，「休憩」などの主要なものを取り上げ，あとは「その他」としておけばよいと思います．いつからいつまで何を行ったかが簡単に記録できるよう，時

第1章 改善の進め方に関するQ&A

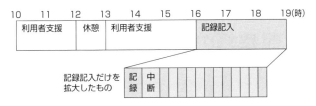

図 1.1　リーダー1日の連続稼働分析

間の目盛りをつけたデータシートをつくっておくとよいと思います（**図 1.1** 参照）．

このようなデータをとることで，「日誌をつける」という仕事の状況を目に見えるようにすることができます．得られたデータを数日分並べて眺めてみるだけで，今まで見えなかったもの（中断が3時間の間に8回もあり，この中断をなくせば記録時間を半分以下にできそうなことなど）が見えてきます．仕事の区分別に集計して帯グラフや円グラフを作成したり，それらをさらに曜日や人などで層別したりすると一日一日で見ていたのではわからない傾向が見えてくる場合もあります．

このような分析を「連続稼働分析」とよびます．連続稼働分析で特に注意することは，目的に応じて事前に問題のありそうな仕事の見当をつけておくことです．今回は記録時間ですね．問題のありそうな仕事は細かい区分で，そうでない仕事は粗い区分で記録をつけることで，より効果的・効率的なデータの収集・分析ができます．

カルテ 15 整理整頓の状況を数値化するには？

Q 最近，改善活動を始めた保育園のQCサークルです．まず，日頃困っている身の回りの問題をテーマに取り上げようと，園児たちの使うロッカーを整理整頓して，きれいに使ってもらえるよう改善に取り組むことにしました．そこで，ロッカーの整理整頓の良し悪しを数値で表現したいのですが，どうしたらよいのでしょうか．

A ロッカーの整理整頓や，机や棚，オフィスの整理整頓，あるいはタオルの汚れ具合や笑顔のにこやかさの度合いといったものは，その状態や程度を見た目の感覚で判断します．長さや重さなどの物理量と違って測定単位がありません．このような数値化が難しいものをテーマの対象にする場合，人によって判断が異なるため，現状把握や効果確認で苦労をします．

こうした場合，対象とするもの（ロッカーの整理整頓，タオルの汚れ具合など）を以下の手順でランクづけすると，数値データで表すことができます．

(1) 対象とするものを，メンバー間で確認して決めます．

(2) 対象とするものの，一番望ましい状態と

指導員に相談し，ランク分けしました．

一番まずい，良くない状態を取り決めます．
(3) 一番望ましい状態から一番まずい，良くない状態までの間を，全体で3〜5段階にランク分けします．
(4) 各ランクの典型的状態を表した写真や絵(見本)を用意し，その特徴を言葉で書き表します．
(5) 各ランクに1, 2, 3…やA, B, C…のように数値・等級(ランク値)をつけます．
(6) 日時や場所ごとの現状を調査し，見本と照らし合わせてランク値で表します．

数値化ができれば，これをもとに現状を把握します．帯グラフを用いて全体の状態がどうなっているか把握したり，折れ線グラフを用いて時間による変化を表したり，曜日やクラスごとの違いを比較したりできます．なんらかの傾向・癖があれば(逆に傾向・癖がなければ)，それをもとに原因に関する仮説を考えることができます．また，候補となる原因との対応関係を散布図や二元表を用いて確認することで，仮説を検証することも可能です．さらには，改善後の状態も同様にランク値で表して，改善前と比較することで対策の効果が確認できます．

見本については，メンバー間で共有し，人によるばらつきが出ないようにしましょう．

カルテ 16 利用者の満足度（不満足度）をデータで把握するには？

Q 乳児園に勤務し，0歳〜1歳半の乳児の子育てを行っているQCサークルです．施設長から「食育」に関する活動方針が出されました．「食育」は，食を通じて健全な体と豊かな人間性を育むことです．現在，離乳食をつくり与えていますが，乳児であるがために，おいしく満足して食べているのか，不満であるのか，データをとるのに困っています．数値化するにはどうやったらよいのでしょうか．

A みなさんは，利用者様である母親に代わって乳児を育てていて，「食育」がもっとも大切と考え，健康で健やかに育ってほしいと願っての活動のようですね．

確かに，乳児（0歳〜1歳半）は離乳食に対し，満足しているか，不満なのかは，言葉もいえず，把握は難しいと思います．そこで，こんな工夫をしてみてはどうでしょうか．それは，「代用特性」という考え方です．代用特性とは，関心のある特性を直接測定することが困難な場合に，同等または近似の評価として用いる特性のことです．乳児が満足しているかどうかは直接聞けませんが，満

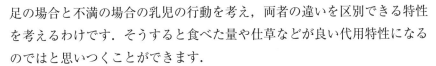

足の場合と不満の場合の乳児の行動を考え，両者の違いを区別できる特性を考えるわけです．そうすると食べた量や仕草などが良い代用特性になるのではと思いつくことができます．

ご質問の場合についていえば，乳児に離乳食を与えたときの摂取量を，乳児ごとに5段階評価してみてください．

(1) 全部食べた：5点
(2) 70％食べた：4点
(3) 50％食べた：3点
(4) 20％食べた：2点
(5) ほとんど食べない：1点

このようにして求めた評価点を平均して，乳児が満足した離乳食であったかどうかを数値化できると思います．

同じ考え方は，ここで紹介したほかにもいろいろ適用できます．例えば，障害者支援施設などでも，利用者様の特性に応じて，行動・仕草や笑顔の程度（以心伝心の世界）を数値化することもできるのではないでしょうか．工夫し応用してみてください．

カルテ17 マンネリ化の度合いを数値化するには？

Q さまざまな理由から家庭で育てることができない，新生児から2歳までの乳児を預かり，昼夜生活をともにして養育する乳児院のQCサークルです．養育の一環として，子どもたちの年齢に即した「遊び」を通じて成長発達の手助けをしていますが，その遊びがマンネリ化しているように感じています．テーマとして取り上げて活動を開始するに当たり，本当にマンネリ化しているのかどうかの確信をもちたいのですが，何か良い方法はありませんか．

A 「マンネリ化」を証明することで，自分たちが納得し，上司や関係者に「本当だね！」といってもらえるようにするのは大変です．納得してもらうには，「数値化」して，客観性をもたせる必要があります．

製造部門では，部品の長さ，材料の重さ，作業時間など，数値化された多くのデータがあり，これらを活用することでさまざまな改善活動に挑戦しています．しかし，福祉の現場ではどうでしょうか．「数値データなんてあるの？」と思うかもしれませんね．

でも，「数値データ」には，寸法，重量，時間な

ど,測って得られる「計量値」のほかに,数えて得られる「計数値」があります.数えて得られるデータなら,福祉の現場にもたくさんあります.例えば,子供が特定の行動をした回数,特定の場所や時間にいた子供の人数,特定の物が使用された回数,ケンカやけがなどの特定の事象が発生した件数などです.

今回の「遊び」の「マンネリ化」についても,数えるデータなら容易に見つけることができます.例えば,「どこで遊んでいますか」,「どんな遊具で遊んでいますか」,「何をして遊んでいますか」など,1カ月か2カ月の過去の実施状況の回数を調べてみてください.これらは,立派な「数値データ」になります.このデータをうまくグラフ化すれば,例えば,遊具では,コンビカー,ボール,ジャングルジムの3種類で62%を占めていてほかの施設と比べて種類が少ないといったことがわかります.そうすれば,「マンネリ化」がどの程度なのかを数値で把握でき,自信をもって「遊びの種類を増やすこと」に挑戦できると思います.

なお,数えることで数値化できるのはマンネリ化だけではありません.子どもの成長についても,成長が感じられる出来事の数を数えることで簡単に数値化できます.また,職員が行っている仕事についても同様に数値化することができます.

カルテ 18 連絡漏れの現状をデータで把握するには？

福祉施設の QC サークルです．それぞれの業務の担当者が集まり，入居者様に必要なときに必要なサービスを提供するという視点から問題を出し合ったところ，別の担当者からの連絡を「聞いてない，知らなかった」などにより多くの問題が発生していることがわかりました．そこで，「連絡漏れをなくし，入居者様に喜ばれるサービスを提供しよう」をテーマに活動を始めることにしました．さっそく，現状把握にとりかかったのですが，連絡漏れの現状をどのようにデータ化すればよいのか悩んでいます．どう進めたらよいのでしょうか．

そうですね．連絡漏れはどこの職場でもあり，その場は何とかやりくりするのですが，後で解析しようと思っても記録が残っていないので困りますね．

まずは，どんな場面でどんな連絡漏れが発生しているのかを明らかにする必要があります．そのためには，連絡漏れが原因で問題となった出来事を，一定期間記録をつけるのがよいと思います．

記録をつける際には，発生した問題について

(1) 発生日時

(2) 問題となった出来事
(3) 当該の出来事の原因となった連絡漏れ(どの担当とどの担当の間の何の連絡で,どんな内容が洩れたか)
(4) 連絡に用いた手段(口頭,メモ,電話,ミーティング,伝言板など)

などの項目を一件一枚で簡単に記録できるような用紙を用意し,みんなで記録をとるとよいと思います.なお,新たに発生した問題を記録するのでなく,みんなに記録用紙を配って,過去に経験した問題をできるだけたくさん思い出してもらうというやり方もあります.各自が経験した問題をみんなで共有するだけで新たな発見が得られることも少なくありません.

記録用紙が集まったら,いろいろな視点から分類して整理しましょう.整理のポイントとしては

(a) どの担当とどの担当の間で連絡が漏れているのか
(b) どんな内容の連絡が漏れているのか
(c) どんな手段を用いた連絡が漏れているのか

などです.これらのポイントを円グラフやパレート図を使って整理すると,解決すべき問題の内容や重点を絞って改善すべきところが明確になり,みんなの納得が得られやすくなります.

カルテ19 危険を数値化するには？

Q 私たちの保育園では，豊かな自然のなかで，0〜5歳児の園児が元気に過ごしています．職員からテーマを募集したところ，子どものケガに関する意見が多く寄せられました．そこで，子どもたちが安全に遊べる環境づくりを目指し，「ケガをなくそう」というテーマに取り組むことにしました．過去のケガを調べてみたところ，保育室，園庭，廊下が多いことがわかったのですが，その内容を見るとさまざまで，子どもにとってはすべてが危険物・危険箇所となっているように思えます．何とか危険の大きさを数値化して，対策すべきものを絞り込みたいのですが，どうしたらよいでしょうか．

A 危険はあらゆるところに潜んでいます．子どもたちが日頃遊んでいる場所に潜むいろいろな危険の大きさを何とか数値化できないかと考えたのは大変よい着眼だと思います．

ケガの内容を細かく見るとさまざまなので，一つひとつがすべて別々で，対策する必要のある危険を絞るのは難しいと悩むかもしれません．しかし，これらのさまざまなケガを横に並べ

第1章　改善の進め方に関するQ&A

て見てみると共通するものが少なくないことに気づくと思います．

　そこで，まず，過去に子どもが起こしたケガを調べ，典型的なタイプに分けるとよいと思います．例えば，転ぶ，はさむ，ぶつかる，落ちる，やけど，飲み込むなどにまとまると思います．そのうえで，このリストをもって，保育室，園庭，廊下などを回り，危険物・危険箇所とそこで起こしそうなケガをできるだけ多くリストアップしてください．一人よりも複数人で見て回ると効果的です．教室の入り口で転ぶ，ラックに手をはさむ，机にぶつかる，すべり台から落ちる，粘土を飲み込むなどいろいろなものがあがると思います．

　リストができたら，各項目について，①ケガが起こる可能性，②起こった場合のケガのひどさをそれぞれ4段階くらいで評価し（起こる可能性が低ければ1点とし，高ければ4点とする，ケガがひどくないと予想される場合は1点とし，ひどいと予想される場合は4点とするなど），①と②を掛け合わせたものを危険の大きさとします．

　そのうえで，得られた危険の大きさをデータにして，色分けしたマップをつくったり，危険物・危険箇所ごとの平均値のグラフを書いたりすると，どんな危険に取り組む必要があるかが見えてきます．そうすれば，しめたものですね．絞り込んだ危険についてみんなで対策を検討するとよいと思います．

カルテ20 アンケートに答えていただくためには？

Q 会社の食堂で働いています．調理の担当者，お客様からの注文を受けて食事を給仕する担当者，メニューを考えたり，材料の購入先を選定する担当者などで改善チームを編成し，お客様の満足度向上に取り組んでいます．アンケートを用いて現状把握をしようと思いますが，お客様は忙しい人ばかりでアンケートに答えていただけるのはほんの一部です．何かよい方法はありますか？

A どんな問題があるのか漠然とした状態で聞くと，お客様も何を答えたらよいかわかりにくいので，アンケートの回答率が下がります．次の点に注意するとよいと思います．

(1)「お客様の満足度向上」というアンケートの目的がはっきり伝わるようにする．自分のために努力してくれていることがわかり，協力してもらえると思います．

(2) 多くのことを聞こうとしないで，聞きたいことのポイントを絞って聞く．これにより，答える方も時間がかからず，回答がしやすくなります．紙に書いてもらうことにこだわらず，「イエス」，「ノー」だ

けで答えられるよう工夫してみるのもよいでしょう．

(3) 自分たちは何が問題と思っているのかを整理し，それが正しいか間違っているかを検証するのも一つです．その際，お客様が「このように答えてくれる人が多かったら，こうしよう」という対策を事前に考えておくと，アクションも早くとれて，事後評価も確実に良くなるはずです．アンケートで得た情報をもとにすぐ改善を行うと，お客様は次のアンケートにも期待して回答率もアップしていきます．

(4) アンケートをお願いするタイミングを工夫する．聞きたいことについての記憶が新しいうちほどよいのですが，製品を使っている最中やサービスを受けている最中では落ち着いて答えられません．製品を使い終わった，サービスを受け終わって一段落しているときにお願いするようにするとよいと思います．

なお，アンケートだけに頼らず，お客様の生の声を大事にして，真の要求(原因)を話し合うのもとても大事なことです．また，お客様の行動をつぶさに観察することで気づくことも少なくありません．これらの方法とアンケートとをバランスよく組み合わせて活用するとよいでしょう．

カルテ21 売上げにおける問題を明らかにするには？

Q スーパーマーケットで青果物の販売を担当しているQCサークルです．"春野菜セール"は3月上旬からスタートするこの時季の重点企画なのですが，出足が鈍いため，販売の最盛期に向けて売上高向上に取り組むことにしました．さっそく，現状把握として商品ごとの売上高をグラフにしてみましたが，商品ごとに売上高が違うのは当たり前で，ここから先どう進めればよいのかわかりません．

A 現状把握では，テーマとして選んだ問題(例えば，売上高が低い)を内容によって分類し，取り組むべき問題をさらに絞り込むこと(○○商品の売上高が低いに絞り込むこと)も大切です．これは，問題の内容によって要因が異なる場合，特に必要となります．ところが，売上高は商品(分類)ごとに違うのは当たり前なので，どの商品に絞り込んでよいのか悩むわけです．

「問題とはあるべき姿と現状の差である」と言われますが，この言葉のとおり，売上高をテーマにする場合も，商品(分類)ごとに「いくら売ろう」という目標金額を設定し，これと現状との差を「問題」として

第1章 改善の進め方に関するQ&A

取り上げるのが良い方法です．例えば，日に5万円売り上げたい商品が5万円分売れていれば問題ではありませんが，10万円売り上げたい商品が7万円しか売れてないとすると問題ということになります．

その意味では，商品(分類)ごとの目標金額さえはっきりすれば，どの商品が問題かを絞ることができます．それではどうやって商品ごとの目標金額を設定すればよいのでしょうか．具体的には，上司方針実現のための必要数値を基礎におきながら，①昨年同時期の売上高，②最近の売上高推移，③社内他店の売上高(客数を考慮)，④他社店舗の売上高(売場視察による推定)などを加味したうえで，目標金額を設定します．この際，商品(分類)別世帯支出などの統計データを活用するのも有効です．

こうして，設定した目標金額と現状の売上高との差の大きい商品(分類)を，取り組むべき問題商品(分類)として定めるわけです．ただし，その際，売上高に影響を与える外的要因を考慮する必要があります．競争相手，天候や気温，値段の相場などがこれに当たります．扱い商品によっては流行や趣向，行政の動き(税制変更や補助金)も考える必要があります．

問題商品(分類)が絞り込めたら，その後は問題解決型QCストーリーに沿って目標を設定し，ていねいに要因解析を行いましょう．

このようなアプローチは売上の向上だけでなくコストダウンにも役立ちます．ぜひ活用してみてください．

カルテ 22 目標を決めるにはどうすればよいの？

Q 私たちのサークルは介護職員2人，栄養士1人計3人のQCサークルです．今回，QCサークル活動として初めてのテーマである，「行事参加者数を増やそう」に取り組んでいます．問題解決の手順に沿って進め，やっと現状把握が終わり，目標を設定することになりましたが，なかなか意見がまとまりません．どのように決めたらよいでしょうか？

A 目標の設定は，自分たちの活動を通して目指したい到達点を明らかにし，テーマで取り上げた問題が解決したかどうかを評価する際の指標を決める大事なステップです．目標設定の考え方は，主に，①自分たちのできる範囲内で決める，②組織や職場として定められているより上位の目標をもとに決める，③業界や他職場と比較し，一番を目指して決める，④お客様のニーズや困り具合から決める，などがあります．

このうち，最も大切にしなければならないのは④です．ただ，今回のテーマの場合，行事参加数がお客様のニーズと直接対応しているわけではないので両者の

「行事参加者数を増やそう」をテーマに活動をスタート．現状把握が終わりました．

目標を決める場合，3要素＋根拠を考えることが大切です．

関係をみんなで考える必要があります．行事参加数が増えることがお客様のどのようなニーズを満たすことになるのか（例えば，健康に過ごしたいなど），ニーズを満たすために行事参加数としてどのくらいが適切なのかを議論してみてください．

そのうえで，③や②を加味して決めます（例えば，「ほかの施設での行事参加数を調べる」，「施設としての介護度に対する目標値を考慮する」など）．ただ，あまりにも高い目標だと結局達成できないことになりますので，現状のレベル，自分たちの改善活動の実力などを考慮することも大切です．なお，十分議論せずに，1.5倍，半減など形式的に決めている目標をみかけますが，これでは誰のための，何のための改善活動なのかわからなくなります．

目標設定としては，目標の3要素，すなわち，①何を（問題，管理特性），②いつまでに（期限），③どれくらい（目標値）を明確にする必要があります．さらに目標設定の根拠（その目標を目指す理由）を明確にするとよいでしょう．全員のベクトルが一致し，それなりの覚悟で取組みができるので活動がスムーズになり，目標達成にこだわった活動ができるようになるからです．

以上が目標を設定する場合の基本的な考え方ですが，みなさんは初めての取組みですので，まずは自分たちのできる範囲で，サークル成長のために，少し高めの目標を設定したらよいでしょう．

1.3節　要因の解析

カルテ 23　仕事のプロセスの改善

Q 市役所で児童クラブ（放課後の児童サービス）を担当している者です．児童クラブ利用児童数の増加とともに，指導員（児童の面倒をみてくれている地域の人）の配置数が増え，運営経費が数千万円以上と大きく増えてきました．そこで，指導員1人が受け持つ児童数を増やすという「運営費節減」の改善事例を改善大会で発表したのですが，参加者から，「仕事のプロセスをどう改善したのですか？」と質問されました．受持ち人数を増やすというのは「仕事のプロセス」の改善ではないのですか？

A 「サービス」は，個人による品質・質のばらつきが大きいのが特徴です．児童クラブでいえば「指導員」の個人差があります．指導員1人が受け持つ人数を増やすのは簡単ですが，何もしないまま人数を増やすと，児童1人にかけられる時間が今よりも短くなりますので，ばらつきはますます大きくなります．運営費節減のため，受持ち人数を増やし，頑張

ってもらうというのも一つの仕事のプロセス（進め方）の改善といえないことはないのですが、これでは、経費は削減できますが、経費をかけて達成しようとしている目的そのものが危うくなります。その意味で、本当にプロセスを改善したことにはならないのではないでしょうか。

多くの指導員のなかには、児童をうまく指導できる人とそうでない人がいます。また、同じ指導員でも指導がうまくいくときとそうでないときがあります。指導員一人ひとりのもっているノウハウ（知識・経験）をうまく共有し、活用できるようにしていくことが大切です。これはまさに市役所の担当者の仕事ではないでしょうか。市役所の場合、教育などの多くのサービスを民間の組織に委託しています。このような場合、サービスを直接担当する人の能力の向上のために、研修会や学び合うミーティングなどの人材の育成のプロセスを工夫・改善するのが自分（市役所）の仕事だと考えるとよいと思います。

一般に、Q（品質）、C（コスト）、D（量・納期）といわれますが、「コスト、量」の問題を、「品質の切り口」に変え、プロセスに関する「ノウハウ」を蓄積して一人ひとりの能力の向上をはかることが大切です。ノウハウが蓄積できれば短時間で効果的な指導ができるようになりますから、結果として「コスト（運営経費）削減」をすることができます。そんな改善の進め方をすることをおすすめします。

カルテ24 プロセスを改善するとはどういうこと？
～業務フロー図の紹介～

Q 病院で改善活動を行っています．先日の院内講演会で，講師の人が，注意力に頼るのでなく，「プロセスを改善する」ことが大切だと話していましたが，「プロセス」の意味がいま一つピンときません．プロセスを改善するとはどういうことなのでしょうか．

A 「プロセス」とは，仕事を行う手順・方法です．このなかには，どういう順番で仕事を行うかだけでなく，どういう機器を使用するのか，どういう名称・形状・特性の薬剤を使用するのか，処方箋の書式やパソコンの画面をどうするのかなども含まれます．「プロセスを改善する」とは，これらの内容を工夫し，患者さんの満足度が向上し，事故が起こらないようにすることです．

医療・福祉やサービス業の場合，いろいろな職種の人が分担して仕事を行っているのが普通です．このため，全体としてどのような仕事の手順・方法になっているのかがわかりにくくなっています．したがって，プロセスを改善するには，まず，現状のプロセスがどうなっているのかがみんなにわかるようにすることが大切です．

改善が必要だと思う仕事を一つ選んで，図1.2のような「業務フロー図（プロセスフロー図）」を作成してみてください．行うべき仕事を四角（□）で，その間の物・情報・患者等の流れを矢印（→）で結ぶのが基本的な書き方です．作成に当たって注意する点は，初めから細かいところまで書こうとしないことです．例えば，手術→集中治療室での処置→病棟での処置，という大まかな流れをつかんだうえで，それぞれを3～5つに分けることで図1.2が得られます．また，図1.2の各□の内容をさらに細かく見ていくことで仕事の詳細が明確になります．

もう一つ気をつけたほうがよい点は，繰り返し発生する類似の仕事の取

第 1 章　改善の進め方に関する Q&A

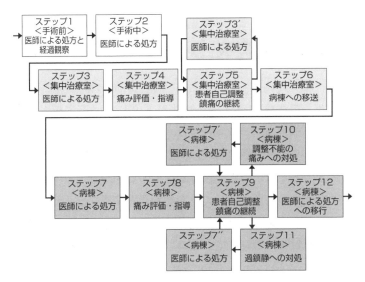

図 1.2　業務フロー図の例（患者による自己調整鎮痛プロセス）

扱いです．例えば，図 1.2 では「医師による処方」が繰り返し出てきています．このような仕事については，なるべく一つの□，あるいは同じ名称の複数の□になるようにしておくと，次の詳細な分析をまとめて行うことができるので楽です．

　また，複数の人・チームが並行して仕事を行うような場合には，A さんは上段，B さんは中段，C さんは下段という具合に段を変えて書くとよいでしょう．そのうえで，横軸に時間の経過をとれば，複数人が相互にどのように連携しながら仕事を進めているのかが一目でわかります．横方向に担当者や部署をとって，縦方向に時間の経過をとっても構いません．

　単に言葉で「プロセスを改善する」といっていても何を改善するのかについてのみんなの共通の理解が得られず，議論が空回りすることが少なくありません．こんなときには，業務フロー図を書いて，その内容（順序，機器，薬剤，書式・画面など）を見直してより良いものにしていくことがプロセスの改善だと考えると，具体的にイメージしやすく，焦点を絞った取組みができると思います．ぜひ，試してみてください．

カルテ25 原因追究をうまくやるには？

Q 私たちの中学校では，なかなか減少しない不登校者数に，教員一同が頭を悩ませています．そこで，不登校生徒を抱える教員で対策チームをつくり，「不登校者をなくそう」というテーマに取り組み，特性要因図を使って原因を調べました．その要因を見てみると，本人の性格・学力や家庭内の問題，いじめを含む友だち関係など，自分たちだけで解決できそうもないものばかりで困ってしまいました．原因追究をうまくやって効果的な対策につなげていくには，どうしたらいいでしょうか？

A 絞り込んだ問題の原因を追究するために特性要因図を使おうとしたのは，大変良いことです．特性要因図を書くことで，問題を起こしている原因の候補（要因）として何が考えられるかについてのメンバーの共通認識ができ，着実な取組みができます（ほかにも系統図や連関図を活用する方法があるので，勉強してみてください）．

このケースの場合，大骨で本人，家族，友人，教員や学校などの要因に分類してから，中骨・小骨の要因を全員で洗い出したことと思います．しかし，学校をはじめ，JHS（事務・販売・

サービス)の場合はどうしても，自分たちでコントロールできない外部環境要因が目につきやすいので，自分たちに関わりの少ない要因を細かくあげてしまいがちです．結果として，挙げた外部環境要因のなかで問題の発生に重要な影響を与えているものがわかっても，それに対する対策は，自分たちが主体的に行動しにくいものになり，行き詰まってしまいます．

そこで，原因の追究はできるだけ自分たちでコントロールできる内部要因，この例では，大骨の教員や学校などに関する要因の洗出しに力を入れるのがよいでしょう．また，本人・家族・友人などの外部環境要因の場合も，内部要因に着目しながら「それはなぜ」，「それはなぜ」，…を繰り返していくと，自分たちに関わりのある要因が見えてきます．そこから主要因を絞れば，自分たちで解決できる対策案を導くことができます．

なお，自分たちがコントロールできる内部要因に着目することは大切ですが，視野が狭くなり過ぎると大きな改善はできません．対策案を考える場合も，チームだけで考えるのではなく，不登校の関係者から細かな情報収集をしたり，幅広く多くの教員からうまくいった事例を収集したりすると，良い気づきが得られると思います．

カルテ26 仮説を立てて検証する
－要因から，すぐに対策に入ってもよいのかな？－

Q 私たちは，福祉施設で活動している，理学療法士2人，作業療法士2人，計4人のQCサークルです．今回，QCサークル活動として初めてのテーマである「施設入居者が正しい姿勢で安心して食事を摂れるようにしよう！」に取り組んでいます．問題解決の手順に沿って進め，現状把握，目標設定が終わりました．そこで，特性要因図を作成し，要因を①「申し送りカードが見つからない」，②「食事前に姿勢の確認をしない」，③「正しい姿勢を知らない」の3つに絞り込みました．さぁ，次は対策！と思っていたら，サークル員から「私たちの思い込みだったら…」との心配の声が上がりました．テキストを見ると，絞り込んだ要因はデータをとって検証することになっているのですが，どう進めたらいいのかわかりません．

A 日頃から入居者の人の食事の際の姿勢が気になっていたんですね．サークルメンバーは全員リハビリの先生ですから，間違いはないと思いますが，特性要因図はあくまでも仮説です．もし間違っていると，対策を何度もやり直すことになります．また，思い込みで進めてしまってはほかの関係者の納得・協力も得られません．

第1章 改善の進め方に関するQ&A

このまま対策を打っていいのかと疑問に感じたことは大変良かったと思います．

問題はどうやって確認するかですが，すべてを自分たちで行おうとせずに，アンケートを使って，ほかの介護する職員の方に「申し送りカードが見つからないことはないか」，「食事の前に姿勢を確認しているか」，「正しい姿勢を知っているか」を聞き，情報を提供してもらってはどうでしょうか．結果として，「見つからない」，「確認しない」，「知らない」ことがあるというのなら，それらが原因である可能性が高くなります．後は，アンケート結果と，入居者の姿勢とを対応づけ，関係があれば，それが原因といえます．例えば，「知らない」と答えた人とそうでない人が担当した日で入居者の姿勢が違うのなら，「知らない」ことが原因といえます．また，一定期間，試験的にしっかり確認し，入居者の姿勢が従来よりも良くなったら，「確認しない」ことが原因ということになります．

結果として教育不足であったことがわかれば，職員の協力を得て対策を打てばよいと思います．このような取組みを一つひとつ重ねていくことで，改善が着実に進みます．

53

カルテ27 トラブルを最初から起こさないようにするには？ 〜FMEAの紹介〜

Q 病院でQC活動の推進事務局を担当している者です．最近，過去の事故やヒヤリハットの事例を整理していて「なんでこんなトラブルが起きてしまったのか…」と思えるものがかなり多いことに気づきました．トラブルを最初から起こさないようにするための方法を教えてくれませんか．

A トラブルを防止する方法には，起きてしまったトラブルの原因を追究し，その再発を防止する解析・改善型の方法だけでなく，事前にトラブルの発生を予測し，その発生を予防する予測・予防型の方法もあります．これは，「失敗が許されない」，「トラブルが起きてしまってからでは遅すぎる」といった場合によく登場します．起こりそうなトラブルを予測したうえで，それらのトラブルが発生しない手立て，トラブルが起きても致命的な事態に至る前に収束する手立てを，あらかじめ業務プロセスのなかに組み込んでおくことが活動の基本となります．

こういう場面で有効となるのがFMEA（Failure Mode and Effects Analysis：故障モード影響解析）とよばれるツールです．もともとは機器・設備などのハードウェアの信頼性を確保するために誕生したツールですが，業務プロセスで発生するトラブルの予防にも広く活用されています．

基本的な考え方は，トラブルの大半は類似のトラブルの繰返しだという認識にもとづいて，過去に発生したトラブルを少数の典型的なトラブルのリストに整理し，これを使ってプロセスで起こり得るトラブルを洗い出すというものです．このリストは「不具合様式」や「失敗モード」とよばれます．以下，FMEAを病院の業務プロセスにおけるトラブルの予防に活用する場合の簡単な手順と適用例（表1.2参照）を紹介します．

表 1.2 FMEA の簡単な事例（点滴パック交換プロセスの FMEA）

業務プロセス	作業（対象者）	起こり得るトラブル	重要度評価				対策検討
			発生頻度	影響度	発見性	総合ランク	
点滴パック交換	点滴パックの確認（看護師）	処方と現物とを照合しない	1	5	4	20	処方シートを現物に貼りつける形式を検討する
		誤認する	2	5	4	40	ダブルチェック方式にする
	患者の確認（看護師）	本人確認をしない	1	5	3	15	教育の再徹底
		睡眠中のため本人確認ができない	2	5	4	40	患者確認シールの採用
		別人を本人と思い込む	1	5	2	10	〃
	旧パックの取り外し						

(1) 分析対象とする業務プロセスを選ぶ．
(2) 当該の業務プロセスのおおまかな流れを，業務フロー図（**カルテ 24 参照**）等を用いて表し，それぞれのプロセスをより細かいサブプロセスに分解する．
(3) 「不具合様式」を活用し，それぞれのサブプロセスで起こり得るトラブルをリストアップする．
(4) リストアップした各トラブルについて，その発生頻度／業務に与える影響度／発見難易度を評価し，リスクの大きさを求める．
(5) リスクの大きなトラブルに対する予防策を検討する．

　FMEA は，業務プロセスを網羅的・体系的に眺め，そこで発生するトラブルを予測するものです．このため，「過去の失敗経験・成功体験を将来に活かす」ことが大切です．リストアップする"起こり得るトラブル"は，過去の経験が蓄積されればされるほど，その精度が上がっていくからです．言い換えると，FMEA は過去の貴重な経験を蓄積していく"戸棚や書庫の役割を果たすもの"ともいえるでしょう．過去の失敗経験を蓄積していくことで FMEA はますますその充実度を増していきます．そういう自己増殖的な活用法があって，FMEA は予測・予防に役立つツールになっていくということですね．

　今回学んだ FMEA を活用してトラブルの未然防止に取り組んでみてください．

カルテ 28 トラブル・事故の未然防止に取り組むには？

Q 鉄道会社で保全業務を担当しています．ほかの職場で，ご利用いただくお客様にご不便をおかけする「故障」を発生させました．このようなことはあってはならないことですので，会社から他職場でも検討するように再発防止の指示が出されました．しかし，自職場では，今までにそのような「故障」は発生させていません．発生防止に向けてどのような取組みを行えばよいでしょうか．

A 他職場で発生したトラブルに対し，「仕事の内容が同じではない」，「自分たちの職場では起こっていない」などと軽く考えることが多いのですが，あのときに対策しておけばよかったと後悔することが少なくありません．「人のふり見て我がふり直せ」という言葉のとおり，自職場の仕事のやり方を見直す一つの機会として捉え，類似トラブルの未然防止に取り組もうとしているのは大変よいと思います．

このような場合には，特に次の2つのポイントに注意して進めるとよいと思います．

(1) ポイント1：ほかの職場のトラブル情報を「他山の石」[1]と

① とある職場で・・・
自分とは別の職場で大きな「故障」が発生しました．

③ 指導員に相談しました．

して活用する

トラブル（故障や失敗）を起こしたほかの職場では，ＱＣストーリーにのっとって原因追究と対策を行い，その内容を「〇〇トラブルの発生原因と再発防止対策」としてまとめていると思います．まずは，この資料を参考にして，自職場での作業方法を見直し，類似のトラブルの未然防止に結びつけます．ただし，設備や作業方法がまったく同じという場合は少ないと思います．そこで，自職場で使用している設備や自職場で行っている作業を機能ブロック図や業務フロー図にまとめたうえで，「"類似"の原因によるトラブルが発生しそうなところはないか」，「再発防止対策を活用できるところはないか」を探します．内容がまったく同じでなくとも，類似の設備や作業があれば，積極的に情報を活用して改善を行うことが大切です．

(2) ポイント2：見直し時には「源流管理」の考え方で行う

発生を確認する，チェックするという考え方だけでは手間が増えるばかりです．「源流管理」[2]の考え方で，必要に応じて関係部署とも打合せ，発生を根本から防止するための対策検討や，作業の見直しを進めましょう．これによって，普段から気になっていた点を解消し，仕事をよりスムーズで，効率的なものにするよい機会となります．

1) 「他山の石」：参考にすべき他人の行い（中国「詩経」に記述）．
2) 「源流管理」：仕事の仕組みや担当業務の"源"にさかのぼって管理すること．

カルテ 29 原因追究の仕方がわかりません
～RCAの紹介～

Q 私の病院では，発生した事故やヒヤリハットについての報告会が定期的に行われていますが，そのほとんどは「先月，こんなことがありました．以後，みなさんも注意しましょう」で終わってしまいます．『QCサークル』誌に掲載されている問題解決型の体験事例を見ると，発生した問題の原因を追究し，原因に対して手を打っています．病院で発生している事故等も，原因を追究して対策をとるべきだと思うのですが，原因追究の仕方がよくわかりません．何かうまい方法があったら教えてほしいのですが….

A 事故やヒヤリハットは，さまざまな要因(仕事の仕組み，人の行動など)が複雑に絡み合って発生します．したがって，事故を防止するには，それらの要因がどのように絡み合って事故やヒヤリハットに至ったのか，要因のつながりを明らかにすることが大切です．単に要因の候補を列挙するだけでは，その事故がなぜ起きたのか理解できません．

　私たちが普段よく使う原因追究のツールとして，特性要因図や連関図がありますね．しかし，特性要因図は要因の列挙には有効ですが，要因間の複雑な絡み合いを究明するには不向きです．また，連関図も事故発生に至った時間の経過をたどるにはやや役不足です．

　ここに登場するのが，RCA(Root Cause Analysis：根本原因分析)とよばれる新しいツールです．RCAは簡単にいうと，

(1) 事故に至った経過を時系列的な事実／事象のつながりとして記述する(できごと流れ図)

(2) なぜ，その事実／事象が発生したのかを検討する(なぜなぜ分析)

(3) 事故に至った根本的要因がどこにあったのかを特定する

という3つのステップから成り立っています(図1.3 参照)．

第1章 改善の進め方に関するQ&A

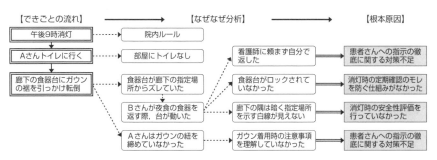

図1.3 RCAの簡単な事例（Aさんの院内転倒事故）

　このうち，(1)では，人の行動とそれによって生じた結果に着目することが大切です．また，人の行動のうち，どの行動が適切でなかったのかを，職場で定めている標準等にもとづいて判定します．そのうえで，(2)では，適切でなかった行動について，「なぜそんな行動をしたのか」，「そのような行動を引き起こす状況が生まれたのはなぜか」，「なぜ事前に対策されていなかったのか」などを掘り下げます．(3)の根本原因というのは，職場における標準の作成の仕方，教育・訓練や職場パトロールのやり方，リスクの洗出しや未然防止活動の進め方など，組織としての事故・ヒヤリハットの防止に対する取組みの弱さと考えるとわかりやすいと思います．

　私たちが普段行っている仕事の多くは「人」，「組織」，「仕組み」から構成されています．しかし，人も組織も仕組みも決して完璧ではなく，エラーやほころびが起こり，それらが引き金となって事故に至る，あるいは事故直前までいくというケースが多々あります．起きてしまった事故を悔いていても進歩はありません．大切なのは，そういう事故を糧として，今後，同じような事故を発生させないようにすることです．それが人間としての英知といえるでしょう．RCAは，このための格好のツールといえます．ぜひ，みなさんも，RCAを駆使して人／組織／仕組みが複雑に絡み合って発生するさまざまな事故の再発防止やヒヤリハットの削減を進めてください．

1.4節 対策の立案と実施

カルテ 30 対策が思いつかない

Q 私たちの職場は，遊びを通じて多様な社会・文化体験と交流機会を提供する施設で，一次預かり保育，学童保育，支援センターの活動を行っています．そのなかで，センター内にある絵本をもっと活用してもらいたいという思いから「もっと絵本を見ていただこう」というテーマで活動を始めました．職員や利用者の皆様に対するアンケートなども利用しながら原因と思われるものを絞り込み，いざ対策へ．でもなかなか対策が思いつきません．どうしたらよいのでしょう？

A 対策は，「ありたい姿と現状の姿のギャップ」，すなわち問題を発生させている原因を改善するために実施する施策です．通常は，問題を発生させている影響度の大きい原因を駆逐する対策を立てて実行しますが，有効な対策を見つけるのは，それほどやさしくありません．

原因はわかっているのに対策を思いつかないのはどうしてなのでしょうか．いろいろなケースがあります

第1章 改善の進め方に関するQ&A

が，一番良い対策を行おうとするあまり，発想が狭くなっていることが少なくありません．例えば，「読んでしまった絵本しかない」という原因に対して，「新しい絵本を購入する」ことがすぐに思い浮かぶのですが，これが予算的に無理となると「どうしようか」と悩み，諦めてしまうわけです．一番良い対策にこだわらず，「新しいものでなくてもよい」，「読んでしまったものでも新しい読み方をすればよい」と発想を転換できればよいのですが，いったん思い込むとそこからなかなか抜け出せなくなるのが人間です．

しかし，みなさんは幸いなことに，利用者の皆様と毎日顔を合わせており，その方々からの意見を伺うためのアンケートなどを行うことも比較的容易です．このメリットを活かして，利用者の皆様に意見を聞くときに一緒に対策のアイデアを提案してもらってはどうでしょう？「みんなの家から古い絵本を持ち寄る」，「絵本内容を絵に描いてみる」など職員だけで考えていたのでは得られないような，多くのおもしろい対策が出てくると思います．

顧客の反応が即座に出るのがサービス業の特性です．その特性を活用して，利用者の意見を聞いて対策を考え，その結果をもとにまた利用者に意見を聞くということを繰り返すことで，より効果のある対策に一歩一歩近づけていく方法を試してみてはどうでしょうか．

カルテ 31 対策のアイデアが出てきません
～対策発想チェックリストの紹介～

Q 病院で，医師，看護師，薬剤師などでチームを編成し，改善活動に取り組んでいます．業務フロー図を使って今行っている業務を整理し，FMEA を使って業務における予想されるトラブルを洗い出しました．影響の大きいトラブルに絞って対策を検討していますが，なかなかよいアイデアが出てきません．どうしたらよいでしょうか．

A 対策を立案する場合，人は自分の知識・経験にもとづいて考えます．このため，過去に行ったことのない対策については良いものがあってもなかなか思いつきません．良い対策を思いつくためには，いろいろな知識・経験をもった人に参加してもらって，さまざまな面から意見を出してもらうのが一番良いのですが，業務が忙しいなかではなかなかそうもいきません．

　他方，多くの対策を見てみると，共通の考え方・方法が繰り返し使われていることがわかります．例えば，「物の配置を工夫して移動距離を短くする」，「間違えないように色分けする」，「忘れないように使用するものをあらかじめ用意しておく」などの対策はいろいろな場面で活用されています．したがって，過去に行ってうまくいった対策を集めて整理し，チェックリスト（一覧表）にしておけば，いろいろな知識・経験をもった人に参加してもらうのと同じ効果を得ることができます．

　表1.3は医療分野で行われているさまざまな対策を整理し，対策案を考える際に活用できるようにしたものです．対策すべき問題（意図しないエラー，意図的な不遵守，知識・技能不足による行動など）を明確にしたうえで，このような対策発想チェックリストに示されている各項目について，一つひとつ検討して考えられる対策案を挙げ，アイデアが出なくなったら次の項目に進みます．こうすることで多くの対策案を思いつくことが

第1章 改善の進め方に関するQ&A

できます.

例えば,「薬剤を選ぶ際に似た名前のものと取り違える」という問題について表1.3の各項目を当てはめると,「薬剤師に協力してもらい識別用のラベルを貼ってもらう」,「不要な薬剤は置かないようにする」,「置き場を整理・整頓する」,「色を使って識別できるようにする」,「似た名前の薬剤は使用しないようにする」,「処方箋に薬剤のパッケージを表示するようにする」など,いろいろな対策を思い付くと思います.

なお,チェックリストだけだと具体的なイメージが湧きにくいので,過去の具体的な対策を1件1枚にまとめて事例集としてファイルしておくとさらに効果的です.

このほか,対策案を考える場合は,複数人で行うこと,提案された対策案の評価は行わず(批判禁止),制約のない自由な雰囲気で,できるだけ多くの対策案を出すようにすることが大切です.ブレインストーミングの4つの原則(①批判禁止,②自由奔放,③量を求める,④便乗歓迎)を壁に貼って議論するのも効果的です.対策案を出す時にはそれに専念し,その後に,対策選定マトリックス(**カルテ32**参照)などを活用して評価を行い,もっとも効果的なものを選べばよいと思います.

表1.3 医療における対策発想チェックリスト

分類	項目
相互理解	・患者や家族に協力してもらう. ・相互の連絡・コミュニケーションを増やす. ・標準書を作成し,共通の理解を促進する. ・掲示板・記録などで状況を見える化する.
排除	・不要なもの,不要な作業をなくす. ・調整・測定などが必要のないものを使う.
標準化	・物を整理・整頓する,配置を決める. ・時間,順序,流れ,内容を統一する. ・種類を統一する,減らす. ・作業と様式・帳票を整合させる.
集中分散	・セットで使用する,関連するものをまとめる. ・あらかじめ準備しておく,あらかじめ計算しておく. ・専任化する,全員で行う,チームをつくる. ・一度にまとめて行う,分散して行う.
特別化	・色を活用する. ・形状を活用する. ・まぎらわしい用語,名称,記号を使わない.
自動化	・自動化する. ・システム化する. ・情報化,電子化する.
支援	・チェックリストを活用する. ・ゲージ,見本,判定表を活用する.

カルテ32 対策案をうまく絞り込む方法は？ ～対策分析表の紹介～

Q 私立病院の看護師でQCサークルリーダーを任されています．先月発生した重要インシデントの対策をメンバー全員で検討したのですが，みんなの意見がバラバラでなかなかまとまらず疲れ果ててしまいました．対策案を上手に絞り込む方法があったら教えてくれませんか．

A 対策案の絞込みでかなり苦労しているようですね．でも，対策案がたくさん出るということは，見方を変えればそれだけメンバーのやる気や参画意識が高いということですから，それほど悲観することはないでしょう．

しかし，リーダーとしては，たくさんの対策案を全員が納得いくように絞り込むのは確かに大変なことですね．一般に，複数のメンバーから提案された対策案を話合いだけで取捨選択しようとすると，個々の対策案に対する各メンバーの思い入れが強い場合，みんなの意見が噛み合わず，いつまで経っても結論が出ない，無理にまとめて妙なしこりを残すといったことが多くなるようです．これを防止し，より有効な対策案を絞り込むには，以下に紹介する「対策分析表」というツールが有効となります．

手順としては，

(1) 5W1H(Why, Who, What, When, Where, How)による各対策案の具体化

(2) 評価項目(期待効果，投入コスト，効率性，実現性(難易度)，実施期間，副作用など)の設定

(3) (1)(2)にもとづく各対策案のメリットとデメリットの評価

(4) 各対策案のメリットとデメリットの比較，

(5) (4)にもとづく最善案の選定

というステップが基本となります．

第1章 改善の進め方に関するQ&A

表1.4 対策分析表（要望確認ミスをなくすには）

対策案	対策の内容 (5W1H)	メリット評価				デメリット評価				最善策の選択
		ミス低減	効率性	患者満足	計	コスト	実現性	副作用	計	
A	受付時に確認	2	3	3	8	3	4	3	10	
B	医師に相談	3	3	3	9	2	2	3	7	
C	患者に直接聞く	4	4	5	13	2	1	2	5	◎
D	事前リスト作成	5	5	4	14	4	5	4	13	
E	コール時対応	1	2	1	4	2	2	1	5	
F	家族に聞く	2	2	3	7	2	1	2	5	

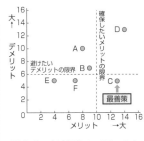

図1.4 対策案のメリットとデメリットの比較

　それぞれの対策を抽象的な言葉で表していると，メンバーによってその捉え方がまちまちとなります．(1)を行うことで，各対策についての共通の理解が深まり，議論のすれ違いを防ぐことができます．また，(3)のステップでは，例えば，個々の評価項目ごとに5段階の評点を与えることでメンバーが考えていることが明確となります．この際，それぞれの評価項目の各段階の内容を簡単な文章で書き出しておくと，より客観的な議論ができると思います．(4)では，それらを合計して（または掛け合わせて）各対策案のメリットとデメリットの総合点を求め，それらを縦軸がメリット，横軸がデメリットのグラフにプロットすると，各対策案の位置づけが「視覚化」できるので，(5)で最善策を選択する際に便利となります．

　なお，対策実施後のフォローとして

(6)　対策実施状況の評価法(5W1H)の設定

(7)　(6)にもとづく評価の実施・反省

(8)　(7)にもとづく改善処置

を加えるとより効果的です．

　対策分析表の実施例およびその結果を二次元平面にプロットしたグラフを，それぞれ表1.4および図1.4に示しましたので参考にしてください．

　実施する対策についてみんなが納得することが，継続のための第一条件です．今後，対策案を絞り込む際に是非活用してみてください．

カルテ 33 自分たちで行える対策が限られる

Q 鉄道会社でQCサークル活動を行っている者です．お客様に満足いただけるようにメンバーと協力して改善活動に取り組んでいますが，お客様やほかの職種の人との関係で，自分たちで行える対策は限られてしまいます．どうすればよいのでしょうか

A 取り組むテーマによっては，お客様はもちろん，他職種や他職場・他部署，他社や他団体など，多くの人たちに関わっているものがあります．そのようなテーマを自分たちだけで取り組もうとすれば，行える対策が限られてしまうのは当然です．しかし，次のような工夫を心がけることで，さまざまな角度からの分析が可能となり，お客様や他職種・他職場・他部署，場合によっては他社・他団体などを巻き込んで，より効率的・効果的な対策ができるようになります．

(1) ポイント1：現状把握や要因の解析によりターゲットや関係組織を明確にする．

まず「現状把握」，「要因の解析」で「ターゲットは誰，何なのか」，「関係組織（部署・会社・団体）はどこなのか」をしっかり把握しましょう．ターゲット・関

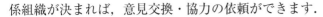

係組織が決まれば,意見交換・協力の依頼ができます.

(2) ポイント2:まずは上司に相談,関係組織へ出向いて意見交換・協力を依頼も忘れずに.

メンバーだけでほかの部署や他社などに連携を求めるのは気が引けてしまうという人が多いと思います.まずは支援者である上司に相談しましょう.そのうえで,関係組織へ直接出向いて状況を説明し,意見交換をして協力を依頼しましょう.この際,現状把握や要因の解析で得られた事実・データをうまく活用してください.関係組織の協力によって,対策できる範囲が広がります.また,話を聞くことで,今まで自分たちの発想になかった考えに触れ,活動のヒントになることもあるでしょう.その後の業務や活動においても,お互いによりよい関係を築くことができます.

(3) ポイント3:お客様の視点を大切にする.

子ども,大人,高齢者,男性,女性などさまざまなお客様の立場に立って対策を考えましょう.自分たちの都合だけでなく,さまざまな立場を考慮して具体的に考えをふくらませることで,対策をより良いものにすることができます.また,これにより多くの人の納得や協力が得られやすくなります.

1.5節 標準化と管理の定着

カルテ 34 標準化と管理の定着
－標準化って何をすればよいの？－

Q 私たちは，保育園で働く，保育士3人，栄養士1人計4人のQCサークルです．今回，現メンバーでは1件目となるテーマ「就学前の基本マナーを身につけよう！〜食事編〜」に取り組み，QCストーリーに沿ってきめ細かな現状把握，解析と対策を行い，目標を達成しました．ただ，園児の食事マナーということもあり，すぐに元に戻ってしまいそうです．対策を定着させるためには標準化が大切と聞きましたが，具体的にはどのように進めたらよいのでしょうか？

A 問題について原因を追究し，対策をとり，効果が確認できたら，人が変わっても，時間が経ってもその効果が持続するようにするために「歯止め」をかけます．その手順は次のとおりです．

（1）標準化（ルール化）：効果のあった対策についてやり方や仕組みを決め，標準書・マニュアルなどを制定します．すでに標準書・マニュアルがある場合には改訂します．この際，文章

第1章 改善の進め方に関するQ&A

だけだとわかりにくくなりますので，写真や絵，図や表などを活用すると効果的です．また，制定・改定を行った時期と理由(活動を始めたきっかけとなった問題やその解析結果など)がわかるようにしておくと，「なぜそうしないといけないのか」がほかの人にも理解できるので，継続しやすくなります．

(2) 周知徹底：制定・改訂した標準書・マニュアルなどの内容を関係者に周知・徹底するとともに，必要な研修・訓練を行って標準化した内容のとおり業務を実施できるようにします．周知・徹底や研修・訓練は一度行えばそれでよいというものではありません．今後，「どのような頻度で，どう行うのか」も決めておくことが大切です．また，うっかり忘れたり，間違えたりしないよう，業務を行うなかで自然と行えるような工夫をするのがよいでしょう．

(3) 結果をフォローする：標準化したとおり業務が行われ効果が持続できているかを常にデータで確認します．

一般にハード的な対策の歯止めは良くできていると思いますが，人の意識に関わる歯止めは持続させるための工夫が必要です．今回のテーマの場合，食事のときに保育士さんがきめ細かく指導していく意識とルールを全員の話合いで取り決め，確認し合っていくことが重要です．

カルテ35 標準化と管理の定着は標準書をつくること？

Q ビル清掃を請け負っている会社のQCサークルです．みんなで考えた対策が，効果のあることが確認できたので，そのやり方をまとめた標準書をつくりました．QCサークル大会で発表したところ，講評の先生から「欲を言えば，標準化と管理の定着についてもう少し考えるともっとよかった」と言われました．「標準化と管理の定着」というのは標準書をつくることではないのですか？

A 標準化では，「誰がやっても」，「いつやっても」，「どこでやっても」お客様に満足していただけるよう，4Mを管理する方法を決めて標準書の作成・改訂を行います（次の管理の定着を含めて，広い意味で「標準化」という場合もあります）．また，管理の定着では，決めたことが確実に守れるようにします．ただ，「標準化と管理の定着をもう少し考えて」といわれてもなかなかピンとこないと思います．

そこで，改善活動で得られた標準書を目の前において，みんなで次の4つの点から見直してみましょう．

(1) 清掃作業で使う道具や洗剤，作業の手順，やるべきこと・

やってはいけないことのポイントが時間の流れに沿って具体的に解説されているか，注意していなくてもミスしない，繰り返し行うことが面倒でない手順か．標準書は誰がやってもそのとおり行えるようなものになっていないといけません．
(2) お客様の満足に直結する汚れやゴミの検査方法が決められているか，作業マナーのチェック方法が決められているか，不良時にそれがすぐわかる工夫がされているか．標準書どおり行ったのに期待した結果が得られないというのは絶好の改善のチャンスです．そのことが作業する人にすぐにわかるようになっていますか．
(3) 決められた手順どおり作業できないとき，不良が発生したときの対応が明確になっているか．
(4) 新人や応援者が容易に理解できるマニュアルになっているか，教える方法は決まっているか．人が入れ替わった場合に役立つのが標準書です．

不十分な点を見つけたら，アイデアを出し合ってよりよいものになるよう，工夫してください．標準化と管理の定着がしっかりできれば，QCサークル活動を行って改善された内容や効果が，人や道具，場所や季節などが変わっても確実に維持できます．現状把握や解析，対策の検討と同じくらいの時間をかけるとよいと思います．

カルテ 36 改善したことが定着しない

Q 病院で改善活動の推進を担当している者です．病院は人の入れ替わりが激しく，改善したことがしばらくすると，すぐに守られなくなってしまいます．どうすれば継続することができるようになりますか．

A 全国調査の結果では，改善後6カ月経つと約50％が改善前の状態に戻ってしまう傾向にあります．せっかくメンバー全員で努力した結果が，もとの状態に戻ってしまうのは本当に残念なことです．

改善成果を継続させるには，次の方法があります．

(1) 改善のステップである「標準化と管理の定着」を確実に行うことです．改善成果を継続させるために何を行う必要があるかを議論し，5W1H（誰が，何を，いつ，どこで，どうする，なぜ）でまとめます．

特に，「なぜそうする必要があるのか」が，新しく職場に来た人にもわかるようにしておくことが大切です．標準書に，対策のもとになった改善活動の報告書を参考文献として書いておくと，必要に応じていつでも参照できるので，なぜそ

うしたのかが確実に伝わるようになります．

　(2)　職場の人たちにやる気・興味を持ち続けてもらうための工夫も大切です．例えば，定期的に職場のパトロールを行い，対策を守っている度合いや結果の出来栄えを評点付けし，これを"管理グラフ"や星取り表にまとめて職場の見える場所に貼ることで，みんなに成果が見えるようにします．複数の職場で競争するのもよいでしょう．これは，いつもと違う状況に気づき，直ちに必要な処置をとるのにも役立ちます．

　(3)　継続されない対策内容をみると，人に頼った精神面の対策（注意する，努力する，徹底する）が多いようです．誰もが無理なくでき，間違えないような手順，設備，帳票にすること（エラープルーフ化）が重要です．例えば，「物を整頓しよう」とかけ声をかけるよりも，それぞれの物の置き場をテープやペンキ等で書いておくと，正しい位置に置かれていないことが一目瞭然になりますので，守られやすくなります．また，「忘れないようにしよう」と頑張るよりも，チェックリストを活用したり，あらかじめ必要なものをそろえたりするように手順を変更するのが有効です．

　(4)　最後に，人は自分で決めた対策はその必要性が十分わかるので自然と守ります．できるだけ多くの人に対策の検討に参加してもらうことも大切です．

カルテ 37 対策を継続するにはどうすればよいでしょうか

Q 総務課のQCサークルです．改善活動に取り組み，せっかく有効な対策を見つけて実施しても，しばらくすると実施されなくなっていることが少なくありません．改善した対策を継続するにはどうすればよいのでしょうか？

A せっかく，みんなで決めた対策なのに，「いつの間にか元に戻っている」，「誰も守らなくなっている」など，対策が継続しないといった悩みはどこにでもありますね．でも自分の身の回り，例えば，朝の洗面や歯磨きなどを思えば，続いているものもあります．続くものもあれば続かないものもあるということは，その違いを生み出している何らかの原因があることを示唆しています．ですから，決めたことがなかなか続かない職場は，まずその「続かない」原因を追究してみることが大切です．もちろん，原因は職場によってマチマチですが，次のように整理してみると見通しが結構よくなってくるものです．

対策の実行者は，自職場なら自分か，同僚か，上司か部下となりますが，それ以外はすべて他職場の人たちですから，対策とは実は

第1章 改善の進め方に関するQ&A

「ほかの人に行ってもらうもの」が大半であり，その実行性・継続性は，当然，それらの人たちの行動にかかってくるのです．とすれば，

(1) まず，やるべきことは何かを明確化し，実際に行えるような形に具体化しておく

(2) 行ってほしい人を特定し，その人たちに事前に情報を流し，また対策立案への参画も促す

(3) 行ってほしい人たちに，この対策の必要性を正しく伝え，理解・納得してもらう

(4) 具体的にどう行うのか，その正しいやり方を教育・訓練・指導する

(5) 正しく行う・行えるための職場環境を整備する

(6) 実施状況には常に関心をもち，感謝・励ましの声かけやサポートなどを適宜行う

(7) 区切りのよいところで実施状況を分析・評価し，不十分な点を改善する

という7つが大切となります．ですから，自分たちの決めた対策がなかなか継続しないときは，これら7つのうち弱い部分がないか調査・分析していくことをお勧めします．その弱い部分こそが職場の弱点であり，しっかり補強していくことが職場の対策実行体制の強化につながっていくはずです．

1.6節 反省と今後の課題

カルテ38 反省と今後の課題はどうすればよいの？

Q 駅の窓口で切符の発売を担当しているQCサークルです．「トクトク切符[1]の発売時間を短くする」をテーマに，初めて活動しましたが，みんなが一致協力して取り組むことで時間を短縮する大きな効果が得られ，標準化もしっかりできました．問題解決手順の一番最後である"反省と今後の課題"というのはどのように行えばよいのですか．

1) トクトク切符：特別な利用条件で格安に利用できる切符で種類が多い．

A テーマ完了時に，今回の活動について"反省"し，そのなかから"今後の課題"を整理して，以後の活動を通じて逐次"課題"を克服していくことが，メンバー・サークルの成長とメンバー個々の活動への満足度を高めることに結びつきます．

今後の課題を整理し，克服するに当たっては，次の点がポイントになります．

（1） 活動開始前に，前の活動で整理した"今後の課題"のなかから，今回の活動で克服したい事柄，成長したい事柄（知識・技能）

第1章 改善の進め方に関するQ&A

を選びます。また、選んだ事柄について、「どのようなレベルにまでにするのか」を明文化します。これらをメンバー全員で共有してから活動を始めます。サークル全体としてだけでなく、個人ごとに設定するのもよいでしょう。

(2) (1)で明文化したことについて、進捗状況を定期的にチェックしながら活動を進めます。また、随時、サークル内で、克服・成長のための勉強会や指導を受ける機会を設定します。

(3) テーマ完了時に、今回の活動の問題解決の手順やサークルの運営、(1)で明文化して取り組んできたことについて振り返り、うまく克服・成長できたところ、克服・成長できなかったところ、その理由を明確にします。レーダーチャートなどを活用し、成長の度合いを可視化するのもまた、目標にしたいほかのサークルと比較し、自分のサークルの「弱み」と「強み」を明確にします。そのうえで、"今後の課題"を明確にします。今後の課題は、「克服・成長できなかったところ」や「弱み」だけでなく、うまくいったけれどさらに高いレベルに挑戦したいものも含めます。

"反省と今後の課題"では、「改善能力」についてだけでなく、業務に関係する「知識や技能」についても着目すること、全員で話し合うことが大切です。

反省と今後の課題は、QCサークル活動を通じた一人ひとりの着実な成長にとって欠くことのできないものだということを忘れないでください。

第2章

運営の仕方に関するQ&A

2.1節 業務とQCサークル活動の関係を理解する

カルテ 39 業務が忙しくて改善活動まで手が回りません！

Q 自動車の販売店の職場です．営業担当者のメンバー同士でサークル活動を行っています．営業ですから外出も多く，時間も不規則で残業できる時間枠も少ないことから，改善活動を行う余裕がありません．改善を行えば確実に残業は増えるし，どうやって改善活動を行えばよいですか？

A 「仕事が忙しくて会合ができません，だから，改善ができません」という声をよく聞きます．忙しくて改善について話し合う時間がない場合はどうしたらいいでしょうか．それはやはり「改善活動は業務の一部，さらには業務そのものと考え，上司に相談」することでしょう．

QCサークル活動を行っていると活動を行うことが目的となってしまい，業務とは別のものと思ってしまう場合があります．しかし，本来は，Q（品質），C（コスト），D（納期），S（安全）などの改善を複数人で協力して進めることが大切

で，QCサークル活動はその手段に過ぎません．

　職場の使命は，お客様の期待や要求に合った製品やサービスを提供することです．さらには，いかに少ないインプットで多くのアウトプットを出すか，「効率」も大事になります．製品やサービスを通して，お客様に満足していただく，これを実現するためにみんなで知恵を出し合って業務の改善を行うわけで，「改善」は重要な仕事なのです．

　上司は，職場の使命を達成するために職場のマネジメントをしているのですから，そのために必要な支援は惜しみません．改善する時間がない，工数がないと感じたら，すみやかに上司に相談することが必要です．

　上司は，職場のすべてについての責任を負っていて，職場の皆さん業務の様子全般をみていますから，何を優先すべきかを総合的に判断できます．日常業務のなかで，お客様の満足（＝不満をなくす．さらに，大満足していただき，信頼関係を創り上げる）ために必要であれば，必要な時間や資源を融通してくれたり，関係部署との調整などの支援は惜しまないでしょう．それこそが上司の仕事なのですから．

　今の組織は，厳しい競争のなかで，いかにお客様の満足を効果的・効率的に達成するかで競い合っています．積極的に上司や関係部署も巻き込んで，お客様の期待に応えるための改善活動を進めてください．

カルテ 40 事務・販売・サービス部門でなぜ小集団活動なのか

Q 営業や営業支援を行っている職場のQCサークルです．業務が多いなかで，なぜ「小集団」活動なのですか？ 一人で改善したほうが早いと思うのですが？ 小集団で活動する目的や理由を教えてください．

A 業務が多岐にわたり，一人ひとりの専門性が高く，状況に応じた臨機応変な対応が求められる職場では，一人で改善に取り組むほうが，早く進むように思えるかもしれません．

しかし，別の見方もできるのではありませんか．営業のように一人で仕事をすることが多い職場でも，一人でできることは限られています．お客様に喜んでいただく，その結果として売上を上げる，さらには営業実績を上げ続けるためには，さまざまな職種の人がうまく協力することが大切です．

例えば，営業担当者は，お客様と直接会って，製品やサービスの魅力を説明します．ところが，お客様の現場に行く前には，お客様とのこれまでのビジネスはどのような経過だったのか，そのお客様の期待はどのような内容なのか，これ

に応えるために何を提案できるのか,事前の下調べが必要です.また,お客様に訴求できる販売促進の情報を用意することも大切です.さらに話が進んでくると,デモの準備も必要となります.契約がとれれば,契約書類の作成や製品の納入の手配なども必要となります.どんなに優秀な人でもこれらのすべてを一人で行うのは難しいと思います.複数の人が協力して取り組むことが有効な場面はたくさんあります.

また,一人ひとりをみれば,話をするのが得意な人,データを分析するのが得意な人,資料を作るのが得意な人などさまざまです.お互いに自分の不得意な部分を得意な人から学ぶことができれば大きな力になります.

QCサークル活動の基本理念は,目標の達成に向けて力を合わせること,相互に学び合うこと,職場・社会に貢献することです.これは営業などの職場にも当てはまります.「小集団＝チーム」での活動は,リーダーシップやメンバーシップを体得するとともに,実際の取組みを通して,自らの能力をアップグレードし発揮する絶好の場です.また,活動のプロセスや達成感を共有することで,互いに認め合い,絆を深めることができます.さらに,成功に向けた挑戦は,自律的な職場風土を生み出します.

自分たちの職場にはなじまないと決めつけないで,視野を広げてテーマを設定し,チームの編成を柔軟に行うことを心がけて小集団活動に取り組んでください.

カルテ 41 仕事が毎日変わるのですが，改善活動できますか？

Q お客様の職場に伺い，依頼された仕事を1日で完了させる職場で働いています．仕事の内容や担当者の割当ても毎回変わるのですが，このような職場で，チームとしての改善活動ができるのでしょうか．

A このケースでは，今日はガラス清掃，明日はカーペット清掃というように，仕事の内容が日によって変わるようですね．仕事内容が毎日変わるということは，メンバー構成や人数も変わるのでしょう．メンバーが毎日変わるため，「メンバーとの間のコミュニケーションを維持して，グループで行う改善活動をできるのだろうか」と悩むのもよくわかります．ビルメンテナンスの業務に限らず，このような状況で悩んでいる職場も多いかもしれません．

こういう場合，以下のような考え方や工夫で活動してみるとよいでしょう．

（1）仕事の内容は，毎日変わっても，必ずそのなかに「共通」して行っている業務があるはずです．例えば，今回のビル清掃のケースでは，窓や床の清掃，準備や片付けの作業などが共通している業務です．また，安全の確保や作業のマナーなども共通した課題で

① とあるビルメンテナンス会社の事務所で・・・
今日は○○ビルのガラス清掃，明日は△△病院のカーペット清掃の予定か

毎日仕事の内容が変わるので改善活動ができるか不安な様子です．

③ 仕事内容が毎日変わるといっても，共通の業務があるでしょう．それをまず拾い出してみましょう．その中から困り具合やみんなの関心が高いものを改善テーマに選んだらどうかな

指導員に相談しました．

す.「共通している業務や課題」を見つけ出し,そのなかから,メンバーが業務のなかで感じた困りごとや,観察された事実,関心の高い問題点を改善テーマとして選定することで,改善活動への参画意識を刺激し,活動に弾みが出ます.

(2) 担当者の割当てが毎回変わることに関しては,「毎日違うメンバーで会合を実施して意見を交換している」と,前向きに考えてみてはいかがでしょうか.休憩時間や作業場所への行き帰りに意見交換をし,その内容をメモで記録すれば,それが「議事録」代わりになります.メンバーが変わることでいろいろな意見や解決策が出るかもしれません.みんなが集まる場所に,これらの意見や提案を黒板や模造紙に掲示しておけば,活動全体のなかでの進行状況が全員に周知でき,QCストーリーのステップごとにまとめを行い,メンバーの合意を得ながら進んでいけます.自分たちの「気付き」から,より良い方法を見つけるために繰り返し話し合うことで,方法に関する全員の理解が深まり,それを守ろうという意欲も高くなります.

職場や業務の特徴を考慮して,視点を変えて工夫していけば,よりよい改善活動が実施できるのではないでしょうか.

QCサークルの狙いはメンバーを含めた職場のパワーアップであることをメンバー全員で共有し,改善活動に取り組んでみてください.

カルテ42 管理間接職場でQCサークル活動はなじまない？

Q 設計・開発，品質保証などの管理間接職場では改善そのものが仕事であるケースがよくあります．その場合，担当者を決めたり，関係する少人数のチームを編成したりして問題解決に当たっています．常に同じメンバーで編成されることが多いQCサークル活動は，管理間接職場の改善になじまないのでしょうか？

A 管理間接職場は，①担当が専門化・細分化している，②業務が非定形・同時並行的で横断的，③人の入れ替わりが多く個人主義的，などの特徴があります．しかし，個人や一部の人に頼った活動では限界があります．経営環境や業務内容の変化が著しいなか，多岐にわたる難しいテーマに対するスピード感ある取組みを行うためには，チームの編成に工夫を凝らすことが大切です．

例えば，解決すべき問題やテーマについて，いくつかの職場からメンバーが集まる，もしくは職制の主導によってチームを編成する「テーマ型サークル」による活動が効果的です．テーマが解決すると解散し，メンバーはまた別のメンバーと別のテーマのもとでQC

サークル活動を開始します.

また,複数のサークルが協力し合ってテーマ解決を行う「連合サークル」による活動も効果的です.①複数のサークルが合同で1テーマに取り組む,②同種のテーマ(ポカミスの防止など)にそれぞれのサークルが情報交換しながら取り組む,③大きなテーマを分割しそれぞれのサークルがサブテーマとして取り組む,④メンバーの一部が相手のサークルに参加する,などによって効果的な問題解決が可能になります.

職場の特性に合った柔軟なQCサークルを編成したうえで,QC的ものの見方・考え方とQC手法を活用すれば,難しいテーマをより効果的に改善できると思います.

管理間接職場では,各人が行っている業務が異なったり,自職場だけでは解決できなかったりする場合も少なくありません.このため,職場または組織内で共通の目的を設定する工夫も可能です.例えば,お客様の満足を得るとか,専門の担当者が不在の際でも現場からの問い合わせに対応できるとか,社内の後工程へ受け渡す情報の間違いを選らす,といった,共通のミッションを見出す工夫が必要です.これによって,集まったメンバーが思いを一つにして改善活動に取り組むことが可能となります.

2.2節 やる気を引き出す

カルテ 43 QCをやらされているとの思いが強くあります

Q 私たちの職場は営業所です．先日の会合の後，メンバー数名と晩ご飯を食べに行った際，メンバーの一人から「私たちって，QCをやらされていると思うの」と打ち明けられました．話を聞くと，よく知らない業務がテーマになることもあり，情熱をもって活動を続けることが難しいとのことでした．ほかの職場ではこんなことはないのでしょうか．

A QCサークル活動(小集団改善活動)を熱心に行っている職場では，ときとして「私たちはQCをやらされている」と感じるメンバーが出てくることがあります．「やらされていると感じている」という「本音」をいえる，本音を聴いてもらうことができるという人間関係(信頼関係)があることは大変好ましいことなのですが，悩みを抱える当の本人にとっては大問題で，「やらされている感」のままで活動に参画しつづけることは難しいことでしょう．

こうした場合は，次の点をチェックしてみるとよい

と思います.

(1) 取り上げているテーマが一部の業務だけにかたよっていませんか？：営業所のサークルであれば，一番関心のある職場の目標は，「売上」や「利益(粗利)」でしょう．確かに，売上や利益を上げることは営業所の最重要な使命であり，これの目標を達成することが一番の優先事項です．ただし，売上や利益を達成する，または達成しつづけるためには，営業担当者の業務をサポートしてくれているほかのメンバーの業務に対して目を向けることも大切です．

(2) テーマをサークルとしてどのように決めていますか？：テーマ選定時にその都度テーマの候補を探すのは，ビギナーレベルです．日頃から職場の目標や状況をよく話し合い，メンバーそれぞれが自分の業務や日々起きたこと，観察されたこと，気になっていることをテーマバンクに登録しておく方法がおすすめです．そのうえで，実際にテーマを選定する際に，「今，メンバーが一番困っていることは何だろうか」ということを話し合うとよいでしょう．

(3) QCサークル活動の節目(テーマ完了報告，発表会など)でメンバーの感想を聞いていますか？：達成感を感じたメンバーもいれば，そうでないメンバーもいるかもしれません．大切なことは，節目ごとに活動を振り返ってそこから得た知恵を次に活かすことで，メンバーが成長し，これまでよりも一歩でも二歩でも前進することです．

カルテ 44　忙しくて本気で協力してくれません

Q 看護師6人でQCサークルを編成していますが，みんな忙しくてなかなかQCサークル活動に本気で協力してくれません．どうしたらよいでしょうか．

A 職場における改善の取組みに，メンバーの協力が得られないというのは，少々困った状況ですね．はたして「忙しいから」が本当の原因なのでしょうか．そのような状況が起きているということは，単に業務の量による事情だけではなく，ほかの側面に要因があるかもしれません．

　例えば，改善を目的としたQCサークル活動に魅力を感じないとか，楽しくない，あるいは，「やらされ感」があるかもしれません．または，活動に対する目的・必要性を理解していない，勉強不足のため改善の進め方がわからない，役割に応じたことができるかどうかわからないので，不安を感じる，あるいは，上司の姿勢（無関心，放任）であったりする場合もあるかもしれません．

　どこに問題の本質があるのかを，本音で話し合ってみてください．これがわか

協力してくれない理由は忙しいからだけでしょうか．

ると対応策がとれます．

そのうえで，対応策を検討してください．対応策としては次のようなものがあります．

【対応策】

(1) 「忙しい」ことが障害になっているときは，その「忙しさ」を解消するための活動をする．あるいは，身近な小テーマを短期で解決できる活動にする．

(2) メンバーが「何とかしたい」，「解決する必要がある」と感じていることをテーマにする．

(3) リーダーと一部のメンバーだけの活動にならないよう，全員参加の活動になるように，役割分担と活動計画をしっかり決めて，計画に沿った活動をする．

(4) 会合は，簡単な報告や連絡は短く，意見交換が必要な場合には，確実に時間を確保するといった，メリハリのある設定をする．また，会合と会合の間の活動を大切にして，役割分担や宿題を活かした活動にする．

(5) やる気を出すには，QCサークル活動の目的・必要性を理解し，さらに上司，推進スタッフの指導・支援を得る．

対応策は一つではありません．メンバーの皆さんと話し合ってみてはいかがでしょうか．

カルテ 45 限られたメンバーだけの活動になっています！

Q 購買部門のQCサークルです．毎回の会合には限られたメンバーしか参加せず，まとめや発表もそのメンバーがすることになり，限られたメンバーだけの活動になっています．みんながまとまれば，活気が出て成果も上がるはずです．メンバーの参画意欲を引き出すにはどうすればいいのでしょうか？

A 小集団で進めるQCサークル活動では，各メンバーがそれぞれの役割分担についての責任を果たしてこそ，チームとしての成果が生まれます．しかし，活動に対するメンバーの取組み姿勢がばらばらだと，負担感を感じてしまって，積極的に関与しづらくなり，活動の本来の目的を達成することができなくなるかもしれません．

職場のみなさんが一致協力し，総合力を発揮するため，活動に積極的に参画できるように，メンバーへの対応を考えてみましょう．

なぜ非協力的なのでしょうか．

(1) イラストの例のように，メンバー固有の事情がある．
(2) QCサークル活動そのものの理解が不足している．

① オフィスで
これから来客なので，ゴメン！
Dさん，Eさん，今日の会合は16時30分からです．出席をお願いします．
今回のテーマは自分に関係ないので，関係する人たちでやっておいてよ！
会合出席のいい返事が得られません．

③ 推進者に相談
協力的でないメンバーを，会合や活動に引き込むには，どうすればいいのでしょう？
理由はそれぞれあると思うな．その理由を探ることが必要だ．日頃のコミュニケーションが大切だよ．
リーダーは職場の推進者にサークルの悩みや解決策などを相談することにしました．

(3) 改善のなかで実際に何をどうやっていいのかがわかっていない.
(4) サークルの雰囲気になじめない(少数意見が通らない,意見を出しづらい雰囲気など).
(5) いつも似たようなテーマで面白くない.
(6) QC手法やQCストーリーばかり気にしている.

など,活動に積極的になれない理由はいろいろとあるのでしょう.また,質問いただいた購買部門のように,各自の担当が専門化しているなど,職場の特徴からくる難しさ(お互いの仕事を共有できていない)もあります.

したがって,自分たちのサークルの場合,どこに理由があるのかを探ることが必要です.そのために,リーダーがメンバーとの個別の面談をしたり,普段の会話から問題を見つけたりする努力も必要です.また,うまく運営しているサークルを訪問して,うまく進める秘訣を探る工夫もあるでしょう.悩みや問題をずっと抱え込むのではなく,推進者や上司に相談することも必要です.

自分たちのサークルに欠けている点がつかめたら,対応策は見えてくるはずです.運営の仕方やレベルアップの施策を検討し,ぜひ,メンバー相互が信頼し合える,一体感ある活動にしてください.

2.3節　異なる人の連携を活性化する

カルテ46　個人プレーの仕事が多い職場で，コミュニケーションを活性化するには？

Q 販売部門のQCサークルです．顧客ごとに担当が決まっており，個人プレーで仕事を行っている関係上，QCサークル内のコミュニケーションが活発でありません．どうしたらよいでしょうか．

A 事務・販売・サービス部門の業務は，専門化・細分化され，非定型で同時並行的に進められることが多く，職場内のコミュニケーションがうまくいかない場合があります．一方，『QCサークル』誌の巻頭に連載されている"トップからのメッセージ"では，良いコミュニケーションで話し合う明るい職場づくりのために，QCサークルへの大きな期待が寄せられています．

販売部門の場合，担当する顧客は別々であっても，顧客に対して自分たちの製品やサービスの魅力を提案し，その価値を理解していただくという点は同じですので，各人がもっているノウハウはほかの人にも役立つはずです．また，新人が入ってきたり，人事異動によって別の顧客を担当した

表 2.1 コミュニケーションを活発にするための手段

手　段	コミュニケーションを活発にするための実践例
Eメール，電子掲示板	不在がちなメンバーとの電子情報による連絡・調整・意見交換など
社外活動	チームワークを高めるためのリクリエーション活動，食事会，懇親会など
情報交換板	回覧板，壁新聞，なんでも掲示板，意見・発言カード，情報ノートなど
ちょこっと会合	朝・夕，始業前・終業後，昼食時，休憩時などのミニ会合・数分会合など
定期・定時の例会	毎月の開催日時を決めて，フェイス・トゥ・フェイスで継続的に例会

りするケースでは，情報の引き継ぎも大切です．職場の使命を達成するには，職場で働く人の間の十分な意思疎通・相互理解，そのためのコミュニケーションが不可欠です．

広辞苑によると，コミュニケーションとは，「社会生活を営む人間の間に行われる知覚・感情・思考の伝達」であり，そのなかには，言葉や文書だけでなく，声の調子，身振り，表情などのいろいろな手段が含まれます．

QCサークルでは，会合の機会や話題を工夫し，メンバーが喜び，楽しさ，悔しさなどの感情を伝え合い，心がつながって共感し合う場づくりを大切にしています．そして，次第にメンバー間に結束力と協力し合う気持ちが育まれてくると，コミュニケーションも自然と活発化していきます．表2.1のような手段をいろいろと組み合わせて，心が触れ合う場を根気よく増やしていくことに心がけてください．

カルテ47 コミュニケーションをとる工夫をする

Q リーダーに指名されたのですが，パートの方がほとんどで，関心事や勤務時間もばらばらです．どうやってQCサークルをまとめ，活動を進めていけばよいのでしょうか．

A パートの方が多い職場では，勤務時間がバラバラでQCサークルの会合がもちにくい状況がみられます．でも，「会合をもつこと」自体が，QCサークル活動の目的ではありません．

大事なことは，お客様の満足を実現するために，自分たちの職場では何ができるのか，そのために必要な改善をどうやって進めるのか，ということについて，職場のみなさんとの意識を共有すること，そのためにメンバーとコミュニケーションをとる工夫をすることです．以下のような簡単な工夫で活動してみるとよいでしょう．

(1) 黒板やノートを利用してメンバー全員の意見を記入してもらい，会合の代わりとして活用するなどの工夫をしてみましょう．メンバー全員の都合のよい時間での参加ですから無理がありません．リーダーが，活動計画・目標・締切などをまず記入しておくこ

とが大切です．出された意見や記入内容に関して順次コメントやまとめをしていくと，さらにスムーズに活動が進んでいきます．

（2）　活動に関心をもってもらうには「テーマ選定」がカギになります．メンバーが日頃感じている問題や困りごとなどを選ぶことに重点を置くことや改善提案，ちょっとしたアイデアをテーマとして取り組むことも活動に慣れるために有効です．短期間で解決できるテーマ選定も大切です．

（3）　勤務時間が重なるメンバー数名で同じ役割を分担するとよいでしょう．そうすれば必要に応じてミニ会合(15分程度でもOK)を実施することも可能になります．

（4）　「QCサークル活動は自分たちにとって効果があるんだ」と実感してもらうことが継続して活動を続けるコツです．みんなが問題と感じていることを取り上げて根気強く活動を続け，成果を実感することが大切です．

（5）　パートの方が多い職場では，リーダー・メンバーとも負担にならない工夫や，上司に相談してテーマ終了後に食事会を開催することを目標にするなど遊び感覚を取り入れるのもよいでしょう．

カルテ 48 メンバーに管理職が入り，上司・部下の関係から抜けられない

Q 営業企画を担当している事務・スタッフ部門のQCサークルです．営業力の強化をはかるために組織改革が行われ，多くのメンバーが異動になりました．メンバーが減少したため，課長がメンバーに加わることになりましたが，上司と部下の関係からどうしても課長の意見に引っ張られ，皆の総意で活動を進められなくなりました．どうすればよいのでしょうか？

A 管理職である上司がメンバーに加わると，つい上司が指示を出す形になってしまいがちです．全員がQCサークル活動の基本理念やねらい，つまり，「お客様の満足を実現する」，「一人ひとりの能力を向上し役立てる」，「職場のチームワークを培う」こと，これらを正しく理解し，それぞれの役割を果たすことが大切です．

そのためには，職場で守るべき具体的な行動のルールを決めておくとよいでしょう．例えば，サークルのルールとして「明るく元気に力を合わせて，やりがいある活動を目指そう！」と決めます．そのうえで，"明るく元気"を具体化するための方法として，「会合で

は一人一言発言する」を決めます．また，"力を合わせて"を具体化するための方法として，「役割を明確に一人一役果たす」，「会合出席率100％を実現する」を，"やりがいある"を具体化するためのルールとして，「成果は，必ずお客様に喜んでもらえることにする」を決めます．こうすることで，誰がリーダーになっても，メンバーになっても，立場の強い人，声の大きい人に左右されることのない活動が可能になります．

上司である管理職がメンバーに加わる利点もたくさんあります．例えば，管理職の人は，豊富な知識（情報）と経験，そして実績に裏づけされたスキルなどをもっています．改善を進めるために必要な知恵をもっている「強力なメンバー」の一人なのです．これらの知恵に触れることで，多くのことが学べるでしょう．

QCサークル活動は，単に問題を解決するだけの活動ではありません．仲間とのコミュニケーション力やチーム力が向上し，リーダーシップやメンバーシップなど人の成長を促す効能があります．上司と部下の関係を越えて，一人ひとりの良さを活動に活かす！　そんなQCサークル活動を目指して，自分たち流の活動に挑戦してみてはいかがでしょう．

カルテ 49 専門の違いを乗り越えるにはどうすればよいか

Q 医師，看護師，薬剤師，技師などの横断チームをつくって改善に取り組んでいますが，専門も違い，思うように議論が進みません．どうしたらよいでしょうか．

A QCサークルやチーム活動の醍醐味は，考え方や能力の異なる複数のメンバーが協力して，改善に取り組むところです．病院として共通した大きな問題・課題(テーマ)に挑戦する意欲的なメンバーを募って行う横断チームの活動は，専門分野が異なり意見の調整が難しいですが，反面，大きな成果が期待できます．

考え方や能力の異なる人が協力して改善を進める場合，次の3つが大切になります．

(1) 共通の目的・目標
(2) 共通の改善対象
(3) 共通の手法・ツール

このうち，(1)の「共通の目的・目標」については，視野を広げて職場や組織の役割から考えることになりますが，病院の場合には患者様の満足や安全の確保が重要になります．具体的なトラブル・事故の事例や患者様に喜んでもらった成功事例を用いて議論し，

① とある病院で・・・
患者様の満足度の向上を目指して部門を越えたチームが結成されました．

③ ①共通の目的・目標，②共通の改善対象，③共通の手法の3つが大切です！
指導員に相談しました．

何のために活動するのかを理解するのが有効です．

　また，(2)の「共通の改善対象」については，業務の流れを業務フロー図により図示し，改善すべきプロセスがみんなの目に見えるようにします（業務フロー図の詳細については，**カルテ24**を参照）．

　さらに，(3)の「共通の手法・ツール」については，PDCA，そのためのデータのとり方やそこからの情報の読み取り方，QC七つ道具をはじめとする手法やその使い方，会合の進め方やチームで知識を共有する工夫などが大切となります．問題解決型・課題達成型・施策実行型・未然防止型などのQCストーリー，FMEA（故障モード影響解析）やRCA（根本原因分析）などの手法を学び，これに沿って活動を進めるとよいでしょう（FMEAやRCAについては，**カルテ27**や**カルテ29**を参照してください）．

　最後に，これらの活動をうまく進め，成果を出せるかどうかは，チームリーダーの手腕が重要なカギになります．多彩な専門分野のメンバーということは，それぞれの知識・知恵や経験を結集することで，対応できるテーマ．改善の対象を広くすることが可能になります．リーダーシップを発揮し，役割分担や宿題を活かして，効果的・効率的に運営しましょう．

カルテ 50 個人の専門業務が多く，一体感がありません！

Q 人事部門のQCサークルです．個人の専門業務が多く，誰が何をしているのかわかりません．資料のムダ，業務のムダが多いと感じるのですが，みんな業務が忙しいと口をそろえて言うばかりです．何か打開策はありませんか．

A 管理部門（管理的な業務を行っている職場）では，それぞれの人が担当する専門分野がはっきり分かれていて，お互いほかの人が行っている業務にはほとんど関わりません．いわば，「個人商店」の集まりになっています．商店街の個人商店でもお店の商品はわかるように，管理部門でも一応誰が何を担当しているかは知っています．でも，店の実情が表からではわからないように，各人が担当している専門分野の仕事の内容についてはよくわかりません．そうなると同じ職場にいても仕事のつながりがなく，職場の一体感を得にくいというのが現実です．

ただし，個人商店の集まりである商店街も，お互いに協力してさまざまな取組みをしていますね．よく紹介されるケースでは，商店街の責任者が定期的に集まってお互いの情報交換をし

①人事課のサークル会合

今月は人事手続きの問合せ回数削減をテーマとして取り組みます

リーダーがみんなにしっかりと説明します．

③次の会合で

どこに何のデータがあるのかさっぱりわからないです 毎回担当のAさんに聞くしかなくて……

たしかにそれは困ったわね 今後のこともあるし 課長に相談してみましょう！

情報を探すのに時間ばかりかかり，先に進みません．

たり，イベントの企画をしたりしています．管理部門の場合も同じではないでしょうか．

【一体感の醸成のために】
- 部や課単位で1回/月の全員集会を行う．集会で各グループや個人の業務報告会（業務紹介）や勉強会を行う．
- 各グループ単位で毎週連絡会を行い，会社の情報を提供したり，それぞれの業務結果・予定を説明する．

【情報の共有化のために】
- 職場で管理しているフォルダーや書庫に関するルールを決め，整理・整頓を行う（どこに何があるか誰でもわかるように）．
- 手順書を作成し，誰が引き継いでもできるように仕事を標準化する．

【職場を盛り上げるために】
- 職場では話さないことも共有できる食事会などはよくありますが，そのほかにスポーツイベントや環境整備（花壇整備や農園）など，みんなで一緒に何かを実施する．

人事部門のような管理部門では，共通に取り組める問題・課題が少ないので，QCサークル活動が進まないといわれます．でも実際は，まだまだ2S（整理・整頓）や標準化が弱いのが現実です．このような点からサークルのみんなで取り組んで活性化させてはいかがでしょうか？

2.4節 初心者なのですがどうすればよいでしょうか

カルテ 51 QCサークル活動スタート！でも何から始めたらよいの？

Q 私たちの病院では，患者様の視点に立った病院づくりを目指してQCサークル活動を始めることになりました．リーダーに指名されたのですが，院内で最初のリーダーということもあり，何から始めたらよいのかわかりません．教えてください．

A リーダーを指名されたということは，上司やメンバーから期待されている，ということでしょう．その期待に応えるために，リーダーシップを発揮し，メンバーの知識と知恵を引き出し，みんなで楽しく活動していけるようにしましょう．

リーダーとしてサークルをまとめていくための一般的な手順は次のとおりです．

手順1　QCサークルの結成と登録

サークル名を決めて，院内の推進事務局に申請し，QCサークル本部（日本科学技術連盟）に登録[1]しましょう．サークルメンバーにとって，自分たちのサークルが正式に認められたサ

① ある病院で…
「あなたにサークルリーダーをお願いするわ」
院長方針でQCサークル活動を導入することになりました．

③「まずはサークルの活動の意味を理解すること」
推進事務局に相談し，QCサークル本部から指導員を紹介してもらいました．

ークルである，という気持ちをもつことができます．

　手順2　話合いや勉強の場をもつ

　QCサークル活動の目的・必要性を理解し，基礎的な問題解決の進め方とQC手法を習得しましょう．その際，メンバー全員がQC的なものの見方や考え方を習得して問題解決力を上げていくこと，メンバーのパワーアップを目指していることを，全員がよく理解できるように説明してください．『QCサークル』誌などを活用し，自分たちで問題解決の進め方やQC手法の勉強会を開くとよいでしょう．また，外部の研修会を受けるのも一つの方法です．

　手順3　問題解決の実践活動

　手順4　自己評価（活動のチェック）と社外活動への参加

　QCサークル活動で最も大切なことは，患者様の視点で自分たちの仕事を振り返り，改善しようという気持ちを全員が共有することです．推進者や上司と相談して，職場の状況に応じて，柔軟に進めるとよいでしょう．

リーダーとして上手に活動を進めるポイント

（1）積極的に上司や推進スタッフに教育，指導・支援を依頼しましょう．

（2）役割分担や宿題を通して，全員参画で進めましょう．

1) QCサークル本部への登録は無料です．大会参加費割引などの特典もあります．

カルテ 52 業務の必要・不要なことの判断ができません

Q 今年，サービス部門に配属になった社会人1年目の者です．とにかく業務を指示通り行うことができるようになりたいと思って努力していますが，必要なこと，不要なことの区別がつかず，リーダーの人には怒られてばかりです．何か良い方法はありませんか．

仕事は個人でなく組織で進められます．したがって仕事を進めるうえではまず次のことに心がけるとよいでしょう．

(1) 組織(会社・職場)の方針，部の方針，課・係の方針を理解する．
(2) 指示された業務が，その方針のどこに位置づけられているのかを理解する．
(3) 上司とのホウレンソウ(報告・連絡・相談)を心がける．

新人の場合，最初は仕事のプロセス(具体的な手順，やり方，など)まで指示をされることが多くあります．この場合は，指示どおりにやればよいでしょう．

次のステップでは，ゴール(成果・結果)だけを示されるようになります．したがって，ゴール達成までのプロセスを考えること，何が必要で何が不要かを考え

ることも仕事になります．

　それでは，「必要なことと不要なこと」とはどのように判断すればいいのでしょうか．学校で勉強していたときには，試験問題の答えは正しいものが一つだったことが多かったでしょう．しかし，社会人として仕事をする場合は，決して答えは一つではないことをまず意識してください．多くの方法のなかから，今会社や職場が目指している方向にもっとも合致した答えが何かを見つけ出すことが，あなたに求められるのです．こう考えると，会社や職場の方針を理解していることが，いかに大事かがわかると思います．そしてまた，必要なこと，不要なことも自分で判断できるようになると思います．

　新人のときには，判断するために必要なことを理解できずに，業務の優先順位の決め方がわからないこともあるでしょう．自分自身の判断基準を得るまでに悩んでしまって，遠回りすることもあるかもしれませんが，これらは決して無駄ではありません．「失敗は成功のもと」です．まず行動に移すことのほうが大切です．最初から最短でゴールにたどり着けることはないのですから．失敗を恐れず，果敢に挑戦しましょう．

2.5節　会合を開く

カルテ 53 メンバーの時間が合わず会合が開けません

Q 私たちは広報部門のQCサークルです．最近，より大きな成果を上げるために，自職場だけでは解決できない，他職場と協働することが必要なテーマが多くなってきました．しかし，異なる職場のメンバー編成なので，業務の都合から，時間の調整が難しくて，なかなか思うように会合が開けません．何かよい方法はないでしょうか．

A QCサークル会合は，メンバー全員の連帯意識の向上，役割分担の明確化，アイデアの出し合い，心の触れ合い，リーダーシップの育成，相互啓発・自己啓発などにおいて非常に重要な役割を担っています．

一方，解決すべき問題やテーマについて，いくつかの職場からメンバーが集まり，もしくは職制の主導によってチームを結成し，問題解決に取り組んで成果を上げるテーマ型サークルなどでは，参加メンバーの職場の勤務形態が異なっているなどの理由で，全員参加の会合が難しいことがあります．

① テーマ型サークルを結成しました．

③ 指導員から会合の工夫を聞きました．

表2.2 テーマ型サークル活動における会合の工夫例

会合での悩み	会合の工夫例
勤務時間が異なる	会合ノート(QCサークルノート，引継ノート等)で情報共有・コミュニケーション，サブサークルで活動，勤務ローテーションの中に会合時間を設定
メンバーの職場が離散	IT(Eメール，イントラネット，ホームページ，ブログ，共用フォルダーなど)で意見交換，TV会議で会合参加
勤務中に時間的余裕がない	朝一会合・昼食会合・夕会合などの仕事の節目で開催，一斉会合日・時刻の設定
会合内容が共有できない	掲示板・ボードなどで活動状況・会合記録を掲示・見える化
会合参加の認識が弱い	管理者・推進者の会合参加・激励，一斉会合日の設定，職場放送，のぼり掲揚

参考資料 『QCサークル』誌2008年8月号特集「QCサークル会合工夫のあれこれ」

このような場合，本来のテーマ型サークルの目的を実現できるように，会合を含めた，活動全体についての工夫が必要になります．

実際にテーマ型サークル活動を通して成果を出した事例を見ると，さまざまな工夫がなされています．その一部を上の表2.2に紹介します．

これらの会合の工夫をヒントに，メンバー，上司などと相談しながら自職場に合った会合のやり方を取り決めて，職場環境の変化に柔軟に対応し，成果を上げられるQCサークルにしてください．

カルテ 54 勤務時間が違うために話し合うことができません

Q 交替で勤務を行っている職場で活動しているQCサークルです．勤務時間が違うために，なかなか直接会って話し合うことができません．何か良い方法はありますか．

A 勤務シフトが違う（勤務時間が異なる）職場で，QCサークルによる改善を進めるためには，シフトが違っていても，それぞれのメンバー間の意思疎通ができるような工夫が必要です．

シフトがある職場では，全員が顔を合わせる会合の時間を設けることとは，難しいかもしれません．こうした場合は，メンバーが直接会って，話し合わなければならない内容と，メモや引き継ぎノートなどで連絡し合って，それぞれ分担してできることを分ける工夫をすることが大切です．例えば，テーマの選定や活動計画の立案などは全員で検討して，サークルとして取り組む方向を全員が理解・納得することが必要です．一方，現状把握や要因解析のためのデータの収集や解析は，分担することができます．大切なことは，メンバー全員が使命を達成するために何を行わなければならないかを理解している，と

いうことです.

　分担する場合には，シフト別に少人数の"サブサークル"を編成して活動することもできます．この場合，テーマはサークルとして1つで進める方法，サブサークルごとにサブテーマを決めて進める方法のどちらも可能です．ただし，1～2カ月に1回くらいは短い時間でもよいので，QCサークル全体での会合をもち，メンバー全員の意思疎通がはかれる場をつくるのがよいでしょう．

　いずれの方法で活動を進める場合でも，"連絡ノート""掲示板"などを利用して，勤務時間の異なるメンバー間の連絡や，必要な情報を共有できるように工夫をすることが大切です．また，会合の形や人数にこだわらないで，電話や電子メールなどを使って状況を聞き合うのもよいでしょう．活動を進めるなかで気づいたことや気になったこと，日々の業務のなかで観察された事実をお互いに共有することは，活動を成功に導くうえでも，お互いの考え方や思いを理解するうえでも大いに役立つと思います．

　QCサークル活動は，考え方や専門が違う人が力を合わせることで，職場の問題・課題を解決する活動です．お互いに協力し合って頑張ってください．

でも，勤務時間がバラバラでみんなが集まれる日がありません．

サブサークルに分かれて活動しても，お互いの活動が見えるようにしておくことが大切です．

2.6節 勉強会を行う，ほかから学ぶ

カルテ55 勉強会の実施や活動レベルを上げるにはどう進めればよいでしょうか

Q 管理部門のQCサークルです．QCサークル活動を続けていますが，手法の理解が進みません．また，活動のレベルが上がっていないと感じています．勉強会の実施や能力向上をはかりたいと思うのですが，具体的にどのように進めたらよいか悩んでいます．良い方法があったら教えてください．

A まずは，QC手法はなぜ，何のために使うのかについてみんなで再度確認する必要があります．手法の理解を進めることは，職場の問題解決・課題達成のための実力をつけることにつながります．そのうえで，手法を使うとこんな良いことがあるのだということを実感する（メリット，つまり"うま味"を知る）ことが大事です．

手法の理解を進めるためには，いろいろなアプローチがあります．サークルのみなさんが主体的に取り組める「勉強会の工夫」について言えば，①メンバーの手法の理解度の現状レベ

ル，到達目標レベルを明確にして計画的にレベルアップをはかる，②メンバーの得意とする手法，不得手とする手法を事実にもとづいて把握し一覧表などで見える化して，得意なメンバーが不得手なメンバーへ教え合う（みんなが先生作戦：教えることは教わることにつながります），③他サークルの事例や，QCサークル支部や地区の大会で発表されている事例について，ストーリーの展開や手法の活用などを自分たちの事例と比較分析して良い点，気づいた点をみんなで議論する，④楽しく勉強するために，身近なテーマでの演習やゲーム的な要素を取り入れた勉強会を実施する，⑤手法によってはe-ラーニングを活用する，などが有効です．

また，一般的に管理間接職場では数値データがとりにくいといわれますが，「やりづらい」とか「手間が掛かる」といった「言語データ」も立派なデータです．言語データの分析手法としては，新QC七つ道具という優れた手法がありますので，「職場の特性に合った手法の活用」としてぜひ勉強してください．さらに，近年，映像データ（ビデオや写真，スケッチなどの画像）の活用法もありますので，挑戦してみてください．

活動のレベルアップをはかるには，職場の特性に合った難度の高いテーマを選定し，高い目標を掲げ，適切な手法を活用してしっかりした結果を出すことがポイントです．

カルテ56 QC手法をうまく使って，活動のレベルを上げるには？

Q 販売部門でQCサークル活動をしています．販売ですからデータはいろいろあります．また，QC手法についても講習会などで学ぶ機会があります．しかし，いざ活動になると，とにかく結果を早く出そうとしてしまい，QC手法を使い切れません．QC手法をうまく活用して，活動のレベルを上げるにはどのようにするのがよいのでしょうか．

A QC手法には，多くのものがありますが，QC七つ道具(Q7)，新QC七つ道具(N7)が基本です．Q7とN7を活用することで，サークルの改善テーマの8～9割は解決できるといわれています．特に，Q7が基本であり，そのなかでもグラフは，数値データのもつ情報を読み取るために活用する手法で，基本中の基本です．

販売部門では，売上高や販売量など多くの数値データを日常的に扱っているのですが，そのデータの加工・分析が不十分なところが多々あるようです．数値データをグラフにすることで，データのもっている「情報」を誰にでもすぐに把握し，共有することができるようになります．また，製品別や地域別，販売員別など，多方面から層別

することで，差や違い(問題・課題)が見えてきます．そして，差や違いがなぜできるのか，なぜ，なぜと深堀することで，ばらつきの原因にちかづくことができます．そこから対策の方向が見えてきます．良いところを水平展開し，悪いところを修正し，足りないところを補うことで，大きな改善につなげることができるはずです．

改善活動だから，QC手法を使わなければいけない，と固定的に考えるよりも，日常の業務のなかでグラフなどの基本的手法を活用することが重要です．QC手法は特別なものではなく，データやアイデア，議論の対象などを整理・統合したり，分類したりして，新しい発想や気づきを見い出すための手助けとなるものです．データから「情報」を得て，これにもとづいて意思決定を行うという，科学的なアプローチにおいてその過程を見える化してくれるのがQC手法なのです．

普段の業務のなかで積極的に使って，手法活用のスキルを身につけてください．また，QC手法は，業務だけでなく，生活のあらゆる場面で役立ちます．どんどん使って慣れ親しむことで，サークルの改善活動でも自然と活用できるようになることを期待します．

| カルテ 57 | ほかの職場の対策は役に立たないと思うのですが |

Q 会社内で社員へのサービス（社員食堂）を提供している職場です．上司がほかの職場の対策を参考にしたらとアドバイスをしてくれたのですが，お客様も，提供しているサービスの内容も違うので，ほかの職場の対策はあまり役に立たないと思うのですが．

A 何か（仕事のプロセス，対策，解析の仕方，QCサークル活動の進め方など）を比較するとき，表面的に比較するだけでは，違うところが目立ってしまいます．こんなときには，違いを見つけようとするのではなく，まず，"共通点"を探すとよいでしょう．参考にしようと思っている職場で行われていることを，「抽象度を上げて観察する」ことにより，自分の職場との「共通性」が見え，自分の職場で活用できるものがわかってきます．

抽象度を上げて観察するというのは，細部に拘らず，全体およびそのなかでの細部の位置づけを見るということです．「特性要因図」についていえば，小骨のラベル（要因）で見るのではなく，中骨のラベルで見るということです．例えば，対策の内容を○○ g，△△℃などと捉えていては

① 上司に「ほかの店を見て参考にしてきなさい」と言われたが，他店とは条件も異なり，あまり参考になりそうもない…．

③ 気配りをしてくれたことは満足向上につながり，さらには期待感をもたせてくれたことに気がつく二人．

共通性は見えません。しかし、料理の「量」、「温かさ」、「見た目」などと捉えれば、自分の職場に応用できる部分も少なくありません。

また、中骨ラベルの切り口を変えると見えるものが変わってきます。例えば、「価格帯」や「メニュー構成」を要因としてもってくると、解決のできない業種・業態の違いが浮き彫りになるだけです。ところが、「盛付け方」や「気配り」、「セールス・トーク」にすると、業種・業態に関係なく共通な解決策が導かれることがあります。つまり、製品やサービスそのものではなく、それらを生み出すためのプロセスに着目するわけです。

違いを気にするだけでは、何かを学び取ることは難しくなります。ほかのお店で行っている対策について、その背景にある「お客様の満足を得るために必要なことは何か」という視点で観察し、自分の職場との共通点を見つけてください。

『QCサークル』誌には、毎月改善事例が掲載されています。いずれも実際にQCサークルが取り組んだ「リアル」な事例です。学ぶべきところもたくさんあります。業種が違うとか会社が違うから、役に立たないとは考えずに、「抽象度を上げる」、「プロセスに着目する」ことで得るものはたくさんあります。自分の職場との共通点を見つけてください。

2.7節 レベルアップをはかる，マンネリ化を防ぐ

カルテ 58 毎年メンバーが変わるためレベルアップできません

Q 病院に勤務するメンバーで構成しているQCサークルです．私たちの病院では，毎年メンバーが変わるために，すぐに活動のレベルが元に戻ってしまいます．どうすればよいですか．

A 職場の環境変化に対して柔軟に対応していくには，人事異動に伴うサークルメンバーの入れ替わりは避けられないでしょう．しかし，メンバーが入れ替わったからといって，そのたびにサークル活動のレベルがゼロからスタートになってしまうのでは困りますね．

メンバーの入替えがあっても，職場の管理・改善のレベルを維持できるようにするために，次のような対応策を考えて進めていくとよいでしょう．

（1）新人やQCサークル活動の経験のない人には，活動の目的・必要性を理解してもらったうえで，なるべく早い時期に基礎的な問題解決の進め方とQC手法を習得してもらうことが大切です．例えば，QCサークル活動の経験のある

第2章 運営の仕方に関するQ&A

ベテランと新人・経験のない人を組にしてマンツーマンで教えることができるようにするのも一つの工夫です．

(2) 過去の自分たちの活動をまとめた，わかりやすい資料・実物を用意し，新メンバーが今までの活動を知るために活用できるようにするとよいでしょう．過去に取り組んだテーマの報告資料や発表資料を整理して自分たちのノウハウ集としてまとめ直してみるのもよいと思います．

(3) メンバーの全員について，個別に問題解決のために必要な力量（能力や経験）を評価し，改善対象である問題点への挑戦を通じてメンバー全員が着実にレベルアップするように取り組むことも必要です．問題解決のために必要な力量をいくつかの項目に分け，それぞれを4～5段階で評価するとよいでしょう．職場で働く一人ひとりに実力がつけば，メンバーが入れ替わっても質の高い改善活動ができるようになります．

(4) 特にリーダーは「扇の要」のようなもので，慣れないメンバーをうまくリードし，活動を牽引するうえで重要な役割を果たします．このため，リーダー候補となる人の育成については，特に力を入れることが必要です．QCサークル活動の核となる人が育ってくれば，ステップリーダー制やテーマリーダー制などを取り入れ，役割分担と宿題を活用し，効果的・効率的な運営が可能となります．

カルテ 59 何年経っても同じようなことの繰返しで,飽きています

Q 電化製品を製造している会社の総務・人事課のQCサークルです.私たちの会社では,製造ラインで作業を担当する人が中心になってQCサークル活動を行ってきましたが,その経験を踏まえ,3年前から事務・技術の間接部門でも活動が始まりました.しかし,毎年「コピー枚数の削減」や「承認印の削減」など同じようなテーマばかり,メンバーも同じで何の変化もありません.これで本当に会社に貢献しているのか実感もなく,おもしろくない,との声が出てきました.活動がマンネリ化しないためには,どうすればいいでしょうか?

A 「継続は力なり」という言葉がありますが,これは努力を継続するということであって,いつまでも同じテーマを続けるということではありません.そもそも,同じテーマが続いていては,みんな飽きてきますね.

また,環境変化の激しい時代に,毎年同じテーマの繰返しでは会社に貢献できているとは言えません.進化論で有名なダーウィンの著書に次の言葉があります.「強い者や賢い者が生き残るのではなく,変化に

① 電化製品をつくっている総務・人事のサークルの会合にて,リーダーが・・・

今回のテーマは稟議書の承認印の削減にしたいのですが

また……?

② サークルメンバー全員が「また?」という表情です.

③ みんなから同じようなテーマばかりでつまらないと言われてしまって…

毎年同じことの繰返しでは,誰でも飽きますね.何か変えてみては?

指導員に相談しました.

対応できる者が生き残る」．この言葉に従えば，生き残るためには，リーダーが率先して活動の中身を変えていくことが必要です．

(1) 総務・人事課で完結する仕事だけではなく，技術課などとの共同サークルを組んで，共通のテーマとなりうる人財育成のテーマ(一人前の技術者をどう育てるかなど)に取り組む．

(2) リーダーが他サークルの運営方法を学ぶために，長年活動している製造のサークルに武者修行(メンバーとなって活動)に行って勉強してくる．

(3) 思い切ってサークルを分割して，それぞれで競い合ったり，メンバーを入れ替えたりしてメンバーに新鮮さを与える．

(4) テーマを自部署だけで考えずに，広くサービスを提供しているお客様(製造など)に総務・人事への要望などアンケートをして聞いてみる．

サークル運営もいろいろなやり方があるので，自分たちで工夫してみてください．「何のためにQCサークル活動を行うのか」という基本は変わりませんが，活動の進め方に制限はありません．グローバル化という大きなうねりのなかで，状況に応じて自在に対応できる柔軟な活動を継続して，会社に大いに貢献してください．

2.8節　発表を行う

カルテ 60　発表の準備や報告書作成に時間がかかります

Q 製造業の事務部門に所属しています．業務で行ったことをQCサークル活動として発表するために，無理にQCストーリーにはめ込んでいます．また，報告書の作成に何日もかかっています．活動はすでに終わっているのですから，発表の準備や報告書の作成に労力をかけるのは無駄だと思うのですが，本当に意味があるのでしょうか．

A QCサークル活動のなかで，活動結果を発表することは，活動成果の共有化と定着化のための大切なプロセスです．ただし，無理にQCストーリーにはめ込むことは，害あって利なしです．使っていないものをあたかも使ったように着飾ることは，実際に活動したサークル自身の努力・工夫を台無しにするものですし，それを続ければ，QCサークル活動自体がいやになるでしょう．

QCストーリーは改善の基本ステップを示したものです．QCストーリーに沿って改善の経過を整理することで，改善をどのような

考え方で進めたのかが誰にでもわかるようになります．また，自分たちが後々活動を振り返ることも容易になります．

QCストーリーは自分たちの改善活動をわかりやすく整理するためのツールとして捉え，その流れを理解したうえで，実際に行ったプロセスを素直に表現することを勧めます．無理やり細部を「QCストーリー」にあてはめようとすると窮屈になってしまいます．自分たちの行った改善活動の本当の姿が見えなくなります．もっと自由に考えてはいかがでしょうか．発表会で審査員や講評者もQCストーリーどおりでないからといって直ちに減点することはありません．当該の問題・課題を解決に必要なプロセスが踏まれて確実に改善し，維持管理できていればよいのです．

最後に，発表準備のための資料づくりに関してですが，これは，まず報告書の作成，次に発表資料（パワーポイントなど）の作成の順で進めてください．報告書の作成は，実際に改善した内容を整理し総括する大事な作業です．サークルが自分たちの活動を振り返って成長の糧とするためには欠かせません．他方，発表のための「まとめ」は，第三者にわかりやすく説明するためには，どうすればよいかを考える良い機会です．そのために十分な準備を行うことは，情報の共有のためのトレーニングの機会だ，と考えてはどうでしょうか．ただし，華美なものにする必要はありません．また，かける時間は経験や人によっても違うものですので，一律に考える必要はありません．

2.9節　短時間で解決する

カルテ61　短期間でテーマ完了するためには，どのように活動を進めたらよいのでしょうか？

Q 営業所の内勤者（営業マンのサポートや，お客様からの問合せ対応などを担当）のQCサークルです．最近は1カ月とか，数週間といった短期間でテーマの完了を求められるケースが増えています．従来のやり方では間に合いそうもありません．QCサークル活動をどのように進めていけばいいのでしょうか？

A 事務部門などでは，テーマ完了までの期間を短縮したい，というケースがあります．そのための工夫はいろいろありますが，取り上げようとしているのが，初めて発生した問題なのか，過去に取り組んだことのある問題なのかを考えてみるのが効果的です．

一般的に，問題の8割以上は，過去に経験のある類似の問題であるといわれています．「過去に取り組んだことのある問題」の場合，過去の活動内容を以下に沿って確認します．

(1) 歯止め（標準化）はどのように決めたのか．実際に決めたと

おりに運用できているのか．決めたとおりに運用できていないとすれば，それはいつからか．
(2) 歯止めの結果，効果が持続できているか．持続できていないとすればいつからか．
(3) 現在の問題について，前回と同じ方法でデータを収集できるか．

前回と同じ方法で現状把握や要因解析ができれば，改善を早く進めることが可能になります．例えば，営業所でよくある問題の一つ「見積書発行遅れ問題」などは，過去にも調査しているでしょう．以前の改善の際と同じ方法で「見積書発行遅れ状況」を把握すれば，データの取り方で悩む必要はなく，実態をスピーディに把握して，短期間で完了することが可能になります．また，当時の対策「見積書の様式統一」や「製品価格マスターのアップデート」がその後も正しく運用されたのか，効果が持続できているかを調べることで，要因の絞込みが効率的に行えます．

他方，「初めて発生した」問題の場合には，現状の把握や要因の解析の方法から考えなければならないので再発問題の場合のように簡単にはいきません．問題の発生状況を詳細に観察し，テーマを細分化して進めるのがよいでしょう．問題解決の基本に沿って，着実に進めることになります．

第3章

推進の仕方に関するQ&A

3.1 節　部門ごと,サークルごとのばらつき

カルテ 62　活発なサークルとそうでないサークルが大きくばらついている！

Q 総務や経理など管理部門の推進を担当しています．同じ部門内でも，また部門間でも活発に活動しているサークルもあれば，ほとんど停滞しているサークルなど，その活発度に大きなばらつきがあります．なぜこうなってしまうのでしょう．何かよい施策はないでしょうか？

A 事務・販売・サービス部門に限らず，製造部門においてもサークル間に活発度のばらつきが生じるのは自然なことです．これは推進者の悩みごととしては典型的なものです．

　この推進策を打てばすべてのサークルに共通に効果があるというものがあればいいのですが，十把一絡げとはいかないのが現実です．そこで，不活発な原因を探るため，各サークルが抱えている悩みや問題を吸い上げて，何らかの手を打つことになります．全社の推進事務局が全サークルの活動状況や悩みを把握することは困難なので，部門や職場の推進者がこの役割を担います．

サークル間のばらつきが大きい！

各サークルのリーダーと面談をし，悩みなどを直接聞いてみることにしました．

状況を把握するやり方としては，
(1) リーダーと面談する
(2) サークルからの各種報告書(年間自己評価表など)から把握する
(3) 会合など活動の場に参加する

などがあります．なかでも，リーダーと直接面談する方法が効果的で，定期的に実施し，サークルの実情を日常的に把握することをお勧めします．特に，推進者から声をかけることが大切です．これらの状況把握から，サークルの事情によって個別に支援すること，職場単位などで共通の施策で対応すること，サークルの所属長と相談すべきこと，全社推進事務局に協力を要請することなど，推進者一人で問題を抱えず，関係者を巻き込んで協力しあって手を打っていくことがよいでしょう．

事務・販売・サービス部門では，業務の進め方や職場の特性など，製造部門と異なる点があるため，推進に当たっては，その事情を考慮する必要があります．例えば，サークルの編成の仕方は継続的なサークル編成がよ

いのか，プロジェクト的なテーマごとの編成がよいのか，その職場の状況に応じた取組みを考えることが望まれます．

そして，「活動が活発で，メンバーが活き活きとしている」といったQCサークルに期待する姿を描いておき，実態を比較しながら，一歩ずつ近づいていけるよう支えていってください．

3.2節 サークルの育成

カルテ 63 QCサークル活動の評価をどう行ったらよいのでしょうか

Q 自動車メーカーでQCサークルの推進を担当している者です．社内発表会で，上値入賞するのが常に製造部門のサークルなこともあって，事務系サークルのモチベーションが上がりません．どのように活動を評価し，インセンティブを与えたらよいのでしょうか？

A サークルにとって，活動成果が認められインセンティブが与えられることは，今後も引き続き意欲を維持して，継続的改善に取り組むための大切な動機付けになります．

しかし，活動成果の評価において，製造部門と事務部門との仕事の性格上から，「問題の共有化」，「固有技術の発揮」，「改善の成果物」，「経済的な効果」といった面での比較に差が生じてしまうことも少なくありません．このような時に，職場のちがいを考慮せず画一的な評価を続けていると，不公平感からかえってやる気を損なってしまうことになります．

このようなケースの打開

策としては，次のような方法があります．

(1) 評価項目と配点基準を見直す：結果系(改善の成果物や効果金額)よりも，プロセス(運営の工夫と改善の工夫)に重点を置いた評価をする．例えば，

- 運営の工夫：基本理念「個の成長・職場の活性化・企業への貢献」
- 改善の工夫：キーワード「科学的・論理的・お客様第一」

に対する配点の重みづけなどです．

(2) 事務部門における数値化の工夫：製造部門との比較でもっとも大きな違いは，成果の見える化(数値化)にあります．したがって，事務部門においては，数値化の工夫に力を入れていくことも必要です．例えば，

- 代用特性の活用例：活性化を「参加人数」や「会合回数」，さらには「発言数」などで表す．
- 独自の数値化例：疲労度を「重さ×移動距離」で算出する．

などです．

(3) 部門別に評価する：製造部門と事務部門とを区分して，別々に評価し順位づけする(発表の日時・会場・順序・審査員など)．

これらは，一例に過ぎません．企業・組織の個別の実態に応じて，「事務・販売・サービス・医療・福祉」部門の活性化に向けた評価のあり方を検討し，構築してください．

カルテ 64 改善活動に消極的な非正規社員をどうやって巻き込むか

Q 私はスーパーマーケットでQCサークル活動の推進を担当している者です．非正規社員が大多数を占め，メンバーが改善に対して他人事のような気持ちでいます．改善活動に消極的な人たちをどのように巻き込めば良いのですか．

A 現在は多くの職場において，さまざまな雇用形態の人たちが一緒にQCサークル活動を行っています．雇用形態は異なっていても，職場においてお客様に提供する製品やサービスを通して，お客様に喜んでいただく，という使命は，社員と非正規社員の両方で同じはずです．まずは，お客様の期待に応えるために，職場の一員としてなにをすべきなのか，その気持ちを共有できるように，話し合うことが必要でしょう．

そのうえで，メンバーみんなが必要性を感じられるテーマを取り上げ，達成感を感じてもらうことが大切になります．ただし，正規社員と非正規社員の混成サークルでは，いきおい，正規社員がリードするのが当たり前という意識が働いてしまうため，メンバー全員の知恵や意見を出し合って活動することが難しい場合

① あるスーパーで
みんなが興味をもてるテーマでないと．

③ 推進者がバックアップしてモデルサークルを
非正規社員のリーダーを育てる．

もあるかもしれません．そのような場合には，非正規社員だけでサークルを構成するのも一つの手段です．

　むろん，初めからうまくいくと考えてはいけません．それなりに十分な準備が必要です．大切なのは，テーマの選定，会合のやり方，問題解決の進め方などのいろいろな面で，推進者が親身になってバックアップすることです．

　また，最初からすべてのサークルが，足並みそろえて活動を進めるということは，難しいかもしれません．初期においては，ほかの模範になるような「モデル」的なサークルをつくってQCサークル活動の難しさ，楽しさ，達成感を味わってもらうこと，このようなサークルに徹底的にスポットを当てることにより，改善を通して認められる喜び，人の成長や組織としての成果を職場内に広げ，より多くの人がQCサークル活動に関心をもってくれるようにするのがよいと思います．

　非正規社員のなかから，本当の意味でリーダーシップをとれる人が出てくればさらに活性化し，正規社員のサークルと良い意味での競争意識やライバル心が生まれると思います．会社としては頑張った非正規社員に対して褒賞などを考えるのもよいでしょう．どうやってやりがいを感じてもらうかが重要となります．

他人事にできない状況づくりを．

モデルサークルにスポットを当てることで，QCサークルに関心をもってもらう．

3.3節 QCサークル活動の会社における位置づけ

カルテ 65 スタッフ部門の管理者の関わりが少なく活動がうまく進まない

Q 私たちは，QCサークルの推進事務局を担当しています．部署によっては管理者のQCサークル活動との関わり方が大きく異なります．特に事務・間接スタッフ部門では，管理者の関わりが少ないため活動がうまく進みません．トップの強い意思が必要ですが，思うようにいきません．推進事務局として，どうしたらよいでしょうか？

A QCサークル活動は，会社や職場の品質問題や経費の削減，納期遵守や安全な職場づくりなど，仲間と一緒にチームで仕事を改善し，維持管理する活動です．ですから，サークルだけで取り組むものではありません．

『QCサークルの基本』（日本科学技術連盟）にあるように，管理者は活動がうまく進むよう支援・指導することが必要です．

多くのサークルが悩みを抱えながら，問題解決に取り組んでいます．そんなとき，管理者がQCサークル活動へどう関わるかが，そのサークル活動の成否に，

ひいてはサークルが成功体験を得られるかどうかに大きく影響します．また，管理者としても，サークルメンバーの成長と職場の問題解決を目指すこの活動は，部下の育成や職場課題の達成に関する責任を果たすうえで大いに役立つものなのです．

ところが，管理者によっては，「QCサークルは自主的な活動」だからと勘違いしている場合があります（"自主性"と"放任"の混同）．また，仕事が忙しいのを理由に"サークルの支援・指導を放棄"したり，QCサークルは製造部門だけで行う活動でスタッフ部門ではうまくいかないと思い込んでいたりすることがあります．推進事務局としては，そんな管理者に，QCサークル活動を正しく理解してもらう工夫をする必要があります．

例えば，成功を重ねている管理者から体験談を聞いて自ら気づきを得ることができる場を設けるのも一つです．また，いつもとは異なる体験，例えば，ほかの職場・工場との交流を通して刺激を受ける機会，ほかの職場の活発な活動内容を見ることで自職場との違いを認識する機会などを積極的に設けるのも有効です．一度行ってうまくいかなかったからと諦めないで，何度でも根気強く働きかけることが大切です．

トップに動いていただく前に，きっと，良い刺激を受け，自ら「気づき」，「行動」する管理者に変わっていくことでしょう．

3.4節 運営事例

カルテ 66 運営事例発表ってどんなこと言うの？

病院でQCサークル活動のリーダーを行っています．院長から，「君たちのサークルは非常によく頑張っているね．今年の『事務・販売・サービス（JHS）』の運営事例発表会でぜひ発表してほしい」と言われたのですが，どんなことを発表すればよいかわかりません．改善事例発表は経験あるのですが，運営事例というのはどのような発表形式でやるのですか．

QCサークル活動の発表のスタイルとしては，改善テーマの内容に重点を絞って発表する「改善事例」のほかに，2～3年間のQCサークル活動の軌跡などを発表する運営事例があります．これは，ほかの人がQCサークル活動の運営の仕方について学ぶ良い機会になっています．

ところが，病院などでは担当が定期的に変わったりしてメンバーの入れ替わりが激しいのが普通です．これは他のサービス業やメーカーの営業部門，事務部門

でも同じです．したがって，このような分野の場合には，運営事例をもう少し広い意味でとらえるとよいと思います．

　1年前後でもよいので，改善活動を通じてサークルリーダーとして運営するのに苦労したり，関係者・上司の協力などを受けて頑張り抜いたりしたときの喜怒哀楽を表すとよいと思います．その結果として職場がどのように変化したか，仲間がどのように成長したか，日々の活動やコミュニケーションの工夫なども含めるといいでしょう．そうすれば，それを聞いた同じ悩みをもつ聴講者が頑張る「気づき」になります．できるなら，その期間でやった改善活動・テーマ活動を通じてメンバーたちの心の成長につながったことを上司に評価してもらい，その結果をレーダーチャートなどで示し，皆で喜び合ったこと，活動を通してサークルメンバーが成長したことを，自分たちの言葉で表現できるとよいのではないでしょうか．また，なによりも，職場の重要なミッションである，業務の質について，患者さんの受けとめ方などを把握しておくのもよいと思います．

「運営事例」だからと，あまり難しく考える必要はありません．職場の仲間といっしょに取り組んだ活動と，その中でのサークルリーダーとしての想いと行動，結果として得られたもの，期間中で行った改善事例を通じ，仲間の成長に寄与したことなどを報告するつもりで発表されてはいかがでしょうか．

3.5節 成果に結びつく活動, 人材育成に結びつく活動

カルテ 67 QCサークル活動をもっと人材育成や職場活性化に活用するには？

Q 営業部門において，QCサークル活動の推進を担当しています．QCサークル活動が"発表会のための活動"になっていると多方面から批判されています．推進委員会では，効果金額や顧客満足への貢献度などの結果系指標，会合回数・参加率などの活動系指標ばかりが話題になっています．推進を担当する者としては，QCサークル活動を人材育成や職場活性化に活用したいと思っているのですが，経営者や管理者は成果のみを求めています．今の状況から抜け出すよい特効薬はありませんか．

A 営業部門といっても，販売を行っている営業担当者と，受発注処理などの支援業務を担当している人では仕事が違います．QCサークル活動（小集団改善活動）が人材育成や職場が活性化したかどうかわかりづらいのは前者の場合かと思います．

営業担当者の場合，テーマ達成がすぐに人事考課につながります．このため，どうしても新規顧客の発掘やソリューション提案

など，成果を追いかける活動になりがちです．本来は，営業力の向上といった人材育成に貢献できるはずなのですが，担当する顧客や商品の違いから個人の活動になりやすく，「多数の叡智結集による相互学習・相互研鑽」という点が後回しになってしまうことがあります．

このような場合には，次のような PDCA-TC という進め方もあります．はじめの会合で，メンバーの困りごと，例えば，「お客様のキーマンをうまく探す」をテーマとして選定し，テーマの主担当者を決めます．次の会合では，各メンバーがテーマに対応する個人の取組みを報告，上司や支援者のコメントを求めます（上司と支援者の参加が必須です）．さらに3回目の会合では，A氏が自分のテーマ推進計画を発表し，全員で計画策定のあり方について討論します．以降，B氏がテーマ実施の状況を，C氏が効果確認と問題点を，D氏が歯止めと標準化を発表し，全員で討論します．最後の会合では，全員のテーマ完了報告を行い，相互確認します．

こうすることで，メンバーがテーマの本質を共有し，互いの経験や知見を述べ合うなかでメンバーの"和"が醸成されます．また，問題解決を通じて営業スキルや問題解決能力の向上をはかることができます．特に，テーマの主担当者は，「サークルテーマの解決」という目標に対する全員の調整役としての経験からリーダーシップ力を向上させることができます．

付表　製造業（部門別）およびサービス業（業種別）のマトリクス表

本書の各カルテについて作成した、製造業（部門別）およびサービス業（業種別）のマトリクス表は下記のとおりである。
「◎：特にその部門、業種が話題になっている」「○：カルテのテーマが応用できる」「△：関連は深くないが参考になる」として分類した。

		製造業（部門別）						サービス業（業種別）							
		設計・開発	営業・サービス	総務・経理・人事・広報	管理・物流・購買	品質保証	製造	医療	福祉（介護・支援）	教育・保育	市役所・行政	レストラン・ホテル	小売・ケットストア・スーパー	鉄道・航空・バス	その他（清掃・請負業など）
第1章 改善の進め方に関するQ&A	1.1節 テーマ選定														
カルテ1 全員で活動できる共通のテーマがなく、テーマ選定が難しい		○	◎	◎	○	○	○	○	○	○	○	○	○	○	○
カルテ2 みんなが困っていることを取り上げて改善したいのですが		○	○	◎	○	○	○	○	○	○	○	○	○	○	○
カルテ3 大きな改善テーマの見つけ方は？		◎	○	○	○	○	○	○	○	○	○	○	○	○	○
カルテ4 私たちのお客様は誰？		○	○	○	○	○	○	○	○	○	○	○	○	○	○
カルテ5 社内情報システムと関連した改善はどうすればよい		◎	○	◎	○	△	○	○	○	○	○	○	○	○	○
カルテ6 営業におけるテーマの選定の仕方や活動の進め方		○	◎	○	○	△	○	○	◎	○	○	○	○	○	○
カルテ7 設計・開発ではどうテーマを決めたらよいか		◎	○			△									○
カルテ8 テーマを決めましたが、進め方が分かりません		○	○	○	○	○	○	○	○	○	○	○	○	○	○
カルテ9 サービス業でテーマを見つけるには？								○	○	○	○	◎	○	△	○
カルテ10 顧客満足度の視点から改善テーマを見つけるには～品質表の紹介～		○	◎		○	◎	○	△	○	○	○	○	○	○	○
カルテ11 現場に行くのがコワイ！		○	○	○	○	○	○	○	○	○	○	○	○	○	△
	1.2節 現状把握と目標の設定														
カルテ12 現状把握をどうすればよいの？		○	○	○	○	○	○	○	○	○	○	○	○	○	○
カルテ13 現状把握や目標設定における指標設定はどうすればよいでしょうか？		○	△	◎	△	○	○	◎	○	◎	○	△	△	△	○
カルテ14 仕事の忙しさの状況を把握し改善するには？		○	○	○	○	○	○	○	○	◎	○	○	○	○	○
カルテ15 整理整頓の状況を数値化するには？		○	○	○	○	○	△	○	○	◎	○	○	○	○	○
カルテ16 利用者の満足度（不満足度）をデータで把握するには？		○	○					○	○	◎	○	○	○	○	○
カルテ17 マンネリ化の度合いを数値化するには？		○	○	○	○	○	○	○	○	○	○	○	○	○	○

章・節	カルテ番号	タイトル	1	2	3	4	5	6	7	8	9	10	11	12	13
第1章 改善の進め方に関するQ&A															
1.2節 現状把握と目標の設定	カルテ18	連絡漏れの現状をデータで把握するには？	○	○	○	○	○	○	○	○	○	○	○	○	○
	カルテ19	危険を数値化するには？	○	○	○	○	○	○	○	○	◎	○	○	○	○
	カルテ20	アンケートに答えていただくためには？	○	○	◎	○	△	○	○	○	○	○	○	○	○
	カルテ21	売上げにおける問題を明らかにするには？	○	○	○	○	○	○	○	○	○	○	○	○	○
	カルテ22	目標を決めるにはどうすればよいの？	○	○	○	◎	○	○	○	○	◎	○	○	○	○
1.3節 要因の解析	カルテ23	仕事のプロセスの改善	○	○	○	○	○	◎	○	○	○	○	○	○	○
	カルテ24	プロセスを改善するとはどういうこと？～業務フロー図の紹介～	○	○	○	◎	○	○	◎	○	○	○	○	○	○
	カルテ25	原因追究をうまくやるには？	○	○	○	○	◎	○	○	○	○	○	○	○	○
	カルテ26	仮説を立てて検証する－要因から、すぐに対策に入ってもよいのかな？－	○	○	○	◎	○	○	○	○	○	○	○	○	○
	カルテ27	トラブルを最初から起こさないようにするには？～FMEAの紹介～	○	○	○	○	○	○	○	○	○	○	○	○	○
	カルテ28	トラブル・事故の未然防止に取り組む？	○	○	○	○	○	○	○	○	○	○	○	◎	○
	カルテ29	原因追究の仕方がわかりません～RCAの紹介～	○	○	○	◎	○	◎	○	○	○	○	○	○	○
1.4節 対策の立案と実施	カルテ30	対策が思い浮かばない	○	○	○	○	○	○	○	○	○	○	○	○	○
	カルテ31	対策のアイデアが出てきません～対策発想チェックリストの紹介～	○	○	○	◎	○	○	○	○	○	○	○	○	○
	カルテ32	対策をうまく絞り込む方法は？～対策分析表の紹介～	○	○	○	◎	○	○	○	○	○	○	○	○	○
	カルテ33	自分たちで行える対策が限られる	○	○	○	○	○	○	○	◎	○	○	○	○	○
1.5節 標準化と管理の定着	カルテ34	標準化と管理の定着－標準化って何をすればよいの？－	○	○	○	◎	○	○	○	○	○	○	◎	○	○
	カルテ35	標準化と管理の定着は標準書をつくること？	○	○	○	○	○	○	○	○	○	○	○	○	○
	カルテ36	改善したことが定着しない	○	○	○	○	○	○	○	○	○	○	○	○	○
	カルテ37	対策を継続するにはどうすればよいでしょうか	○	○	○	○	○	○	○	○	○	○	○	○	○
1.6節 反省と今後の課題	カルテ38	反省と今後の課題はどうすればよいの？	○	○	○	○	○	○	○	○	○	○	○	◎	○

付表 製造業（部門別）およびサービス業（業種別）のマトリクス表（つづき）

			製造業（部門別）						サービス業（業種別）							
			設計・開発	営業・サービス	総務・経理・人事・広報	生産管理・購買・物流・品質保証	間接・管理	製造	医療	福祉・介護・支援	教育・保育	市役所・行政	レストラン・ホテル	小売・スーパー・デパート・ケーキ	鉄道・航空・バス	その他のサービス業（清掃など）
2.1節 業務とQCサークル活動の関係を理解する	カルテ39	業務が忙しくて改善活動まで手が回りません！	○	◎	○	○	○	○	○	○	○	○	○	○	○	○
	カルテ40	事務・販売・サービス部門でなぜか小集団活動なのか		△	△	△	△		○	○	○	○	○	○	△	○
	カルテ41	仕事が毎日変わるのですが、改善活動はできますか？	○	△	○	△	○	△	○	○	○	○	△	△	△	◎
	カルテ42	管理間接職場でQCサークル活動はなじまない？	◎	△	◎	○	◎		○	○	○	○	○	○	○	○
第2章 運営の仕方に関するQ&A	カルテ43	QCをやらされているとの思いが強くあります		○	○	○	○	△	○	○	○	○	○	○	○	○
2.2節 やる気を引き出す	カルテ44	忙しくて本気で協力してくれません		◎	○	◎	○	△	◎	○	○	○	○	○	○	○
	カルテ45	限られたメンバーだけの活動になっています！	○	○	○	○	○	○	○	○	○	○	○	○	○	○
2.3節 異なる人の連携を活性化する	カルテ46	個人プレーの仕事が多い職場で、コミュニケーションを活性化するには？	△	△	○	△	○	○	○	◎	○	○	◎	◎	○	◎
	カルテ47	コミュニケーションをとる工夫をする	○	○	○	○	○	△	◎	○	○	○	○	○	○	○
	カルテ48	メンバーに管理職が入り、上司・部下の関係から抜けられない	○	○	◎	○	△	△	○	○	○	○	○	○	○	○
2.4節 初心者なのですがどうすればよいでしょうか	カルテ49	専門の違いを乗り越えるにはどうすればよいか	○	○	○	◎	○	△	◎	○	○	○	○	○	○	○
	カルテ50	個人の専門業務が多く、一体感がありません！	○	○	○	○	○	△	◎	◎	○	○	○	○	○	○
	カルテ51	QCサークル活動スタート！でも何から始めたらよいの？	○	◎	○	○	○	○	○	○	○	○	○	○	○	○
	カルテ52	業務の必要・不要なことの判断ができません。	○	○	○	○	○	○	○	○	○	△	○	○	○	○
2.5節 会合を開く	カルテ53	メンバーの時間が合わず会合が開けません	○	△	△	○	△	○	◎	◎	○	○	◎	◎	◎	○
	カルテ54	勤務時間が違うために話し合うことができません	△	○	○	○	○	○	◎	○	○	○	◎	◎	◎	○

第2章 運営の仕方に関するQ&A	2.6節 勉強会を行う、ほかから学ぶ	カルテ55	勉強会の実施や活動レベルを上げるにはどう進めればよいでしょうか	○	○	○	○	○	○	○	○	◎	○	◎	◎
		カルテ56	QC手法をうまく使って、活動のレベルを上げるには？	○	◎	○	○	○	○	○	○	◎	○	○	◎
		カルテ57	ほかの職場の対策は役に立たないと思うのですが	○	○	○	○	○	◎	○	○	○	○	○	○
	2.7節 レベルアップをはかる、マンネリ化を防ぐ	カルテ58	毎年メンバーが変わるためレベルアップできません	○	○	○	○	○	◎	○	○	◎	○	○	○
		カルテ59	何年経っても同じようなことの繰返しで、飽きています	○	○	◎	○	○	○	○	○	○	○	○	○
	2.8節 発表を行う	カルテ60	発表の準備や報告書作成に時間がかかります	○	○	◎	○	○	○	○	○	○	○	○	○
	2.9節 短時間で解決する	カルテ61	短期間でテーマ完了するためには、どのように活動を進めたらよいのでしょうか？	○	◎	○	○	◎	○	○	○	◎	○	○	○
第3章 推進の仕方に関するQ&A	3.1節 部門ごと、サークルごとのばらつき	カルテ62	活発なサークルそうでないサークルが大きくばらついている！	◎	◎	◎	◎	○	◎	◎	◎	◎	◎	◎	◎
	3.2節 サークルの育成	カルテ63	QCサークル活動の評価をどう行ったらよいのでしょうか	△	◎	△	○	◎	○	△	○	◎	○	◎	◎
		カルテ64	改善活動に消極的な非正規社員をどうやって巻き込むか	○	◎	○	○	◎	○	○	○	◎	○	○	◎
	3.3節 QCサークル活動の会社における位置づけ	カルテ65	スタッフ部門の管理者の関わりが少なく活動がうまく進まない	◎	◎	○	○	◎	○	◎	○	◎	○	◎	◎
	3.4節 運営事例	カルテ66	運営事例発表ってどんなことを言うの？	○	◎	○	○	○	△	○	△	◎	○	○	◎
	3.5節 成果に結びつく活動、人材育成に結びつく活動	カルテ67	QCサークル活動をもっと人材育成や職場活性化に活用するには？	○	○	○	○	○	△	○	△	○	○	○	○

【編著者紹介】

中條武志（なかじょう　たけし）

- 1979 年　東京大学工学部反応化学科卒業
- 1986 年　東京大学大学院工学系研究科博士課程修了
- 1991 年　中央大学理工学部経営システム工学科専任講師
- 1996 年　中央大学理工学部経営システム工学科教授（現職）

松田啓寿（まつだ　よしひさ）

- 1983 年　電気通信大学電気通信学部経営工学科卒業
- 1983 年　ダイワ精工㈱TQC推進室　品質保証部　フィッシング生産本部技術部生産技術課，設計二課
- 1991 年　技術士（経営工学部門）登録
- 2001 年　松田技術士事務所設立．財団法人日本科学技術連盟　嘱託（現職）
- 2003 年　東京理科大学理学部講師
- 2005 年　大妻女子大学家政学部講師（～ 2013 年）

ただいま出動　QCサークル 119 番

2015 年 3 月 23 日　第 1 刷発行

編著者　中　條　武　志
　　　　松　田　啓　寿
発行人　田　中　　　健

検印省略

発行所　株式会社 日科技連出版社
〒151-0051　東京都渋谷区千駄ヶ谷 5-15-5
　　　　　　DSビル
電　話　出版　03-5379-1244
　　　　営業　03-5379-1238

Printed in Japan　　印刷・製本　河北印刷株式会社

© Takeshi Nakajo, Yoshihisa Matsuda, et al. 2015　ISBN978-4-8171-9545-6
URL　http://www.juse-p.co.jp/

本書の全部または一部を無断で複写複製（コピー）することは，著作権法上での例外を除き，禁じられています．